石榴古树

①山东枣庄市400年生古树
②石榴花

石榴整形

①单干自然圆头形
②双干自然圆头形
③三干自然圆头形
④多干形

石榴盆景

①直干式　②过桥式
③枯干式　④弯干式

①

②

③

④

石榴盆景

①双干式

②丛林式

③蟠根式

①桃蛀螟幼虫
②石榴巾夜蛾幼虫
③棉蚜
④石榴茎窗蛾幼虫
⑤石榴干腐病果
⑥石榴果腐病果
⑦石榴褐斑病果

石榴病虫

①蜜露软籽　②蜜宝软籽　③豫石榴1号
④豫石榴2号　⑤豫石榴3号　⑥突尼斯软籽

①峄城大青皮　②玛瑙籽　③青皮软籽
④火炮　⑤净皮软籽甜　⑥江石榴

石榴品种

①白花重瓣　②花边
③月季石榴　④重瓣紫果
⑤紫果

①

②

③

④

⑤

石榴

欣赏栽培 166问

冯玉增　主编

中国农业出版社

编著者名单

主　　编：冯玉增

副主编：冯晓静　　王坤宇　　李　冰

编著者：冯玉增　　冯晓静　　王坤宇

　　　　李　冰　　胡清坡　　张艳霞

　　　　王心想　　曹天顺　　王亚丽

　　　　王　军　　赵　丹　　罗东红

　　　　赵丽芍　　王　慧　　韩晓雪

前　言

石榴（*Punica granatum* L.）是我国引种栽培最早的果树和花木之一，有"天下之奇树，九州之名果，滋味浸液，馨香流溢"之美誉，2 000多年以来一直与人们的生产、生活和文化结缘。石榴色雅、果丽、韵胜、格高，国人爱榴、寻榴、赏榴、谈榴、咏榴的高雅风尚世代绵延。

石榴在我国20多个省、自治区、直辖市均有栽培，是河南省新乡市、驻马店市，陕西省西安市，安徽省合肥市，湖北省黄石市、十堰市、荆门市，山东省枣庄市，江苏省连云港市，浙江省嘉兴市等十城市的市花；在世界上70多个国家有分布，是西班牙、利比亚两国的国花。

近年来，我国石榴生产发展很快，除专门作为果树栽培外，作为居家、庭院、行道、工矿厂区的观赏果树栽培越来越普遍。广大石榴栽培爱好者迫切需要有针对性的技术书籍，而目前出版的石榴书籍多以果园生产技术为主。

本书作者均为国内从事石榴方面研究的专家学者，采用问答形式编写，注重图文并茂，内容力求兼顾果园生产和景观园管理技术，并介绍了石榴文化方面的内容，语言通俗易懂。共归纳设计了166个问答，涵盖了以下12个部分：石榴的栽培历史；石榴的植物学特征；石榴的生物学特性；石榴的地理分布与生态环境；石榴分类、品种与引种；石榴繁殖；石榴栽培的土、肥、水管理；石榴的整形修剪技术；石榴盆景制作；石榴病虫害防治；石榴观光果园；石榴的用途、故事与欣赏。

本书编写过程中参考和引用了国内外石榴研究领域的新成果、新技术和成功的实践经验。由于篇幅所限，不一一列出，敬请谅解，在此向他们表示诚挚的感谢。

由于水平所限，不当之处恳请读者朋友批评指正。

冯玉增

2013 年 3 月

目　　录

一、石榴的栽培历史

1. 石榴的起源地在哪里?

石榴原产古代波斯地区,即现在的伊朗、阿富汗、格鲁吉亚等地。据 Н. И. Вавилов（1926）和 П. М. Жуковский（1970）对栽培植物起源研究,把世界果树分为 12 个起源中心,石榴为前亚细亚起源中心。伊朗史前已有关于石榴栽培的记载。今伊朗、阿富汗等国海拔 300～1000 米的山上仍分布有大片石榴野生丛林。学术界普遍认为,以上地方是石榴的原产地。

1983 年我国学者对西藏果树资源考察发现,在三江流域海拔1 700～3 000米的察隅河两岸的荒坡上,分布有古老的野生石榴群落,其中无食用价值的酸石榴占99.4%,甜石榴仅占 0.6%。三江流域是十分闭塞的峡谷区,人工传播十分困难,但该地区是否是石榴的原产地之一,尚有待研究。

2. 石榴是怎样引入我国的？

据许多古代文献资料考证：石榴是在汉代由张骞出使西域时从涂林安石国带回，并逐渐传布至全国适宜栽培区。20世纪 70 年代长沙马王堆汉墓出土的经书中，曾有石榴的记载。历史资料和现代考古均证明，石榴传入我国已有 2 000余年的历史了。

日本学者菊池秋雄的《果树园艺学》疑石榴系公元 3 世纪从伊朗传入印度，再由印度传入中国西藏，由西藏传入四川、云南等地，直至东南亚各国。至今在云南、四川及西藏部分地区盛产石榴。这可能是另一个传播路线。

3. 我国古书典籍对石榴有哪些记载？

我国最早有关石榴来源记载的古书是西晋张华的《博物志》，书中记载有汉张骞出使西域，从涂林安石国带回安石榴。古书《群芳谱》有同样记载，称石榴为"若榴、丹若、金罂、天浆"等。

东汉张衡在《南都赋》中记有："若其园圃……乃有樱梅山柿，侯桃梨栗。樗枣若留，穰橙邓橘。"据《花史》记载，西晋时期在洛阳的石崇金谷园植有石榴，名"石崇榴"（石崇是当时有名的仕族）。南北朝时吴钧著《西京杂记》也记述在长安修筑上林苑时，群臣百官从各地献奇花珍果，其中就有安石榴、甘石榴等品种。唐代诗人元稹诗曰："何年安石国，万里贡榴花。迢递河源道，固依汉使槎。"至北魏贾思勰的《齐民要术》中，有关于石榴的繁殖、栽培、嫁接

记载，已总结出较为丰富的管理经验，说明当时石榴作为果树生产已相当普遍，栽培技术达到了一定水平。

4. 我国古代吟咏石榴的著名诗词有哪些？

翻开史册，几乎各个朝代都有对石榴尽情讴歌的著名诗词歌赋。

西晋潘岳在《安石榴赋》中赞石榴"御机疗渴，解醒止醉"，"榴者，天下之奇树，九州之名果"，"华实并丽，滋味亦殊；商秋受气，收华敛实，千房同蒂，千子如一；缤纷磊落，垂光耀质，滋味浸液，馨香流溢"。

南朝何思澄的《南苑出美人》中"媚眼随娇合，丹唇逐笑兮，风卷葡萄带，日照石榴裙"。

唐代是我国诗作最丰富的朝代，关于石榴的诗作非常多。韩愈云："五月榴花照眼明，枝间时见子初成。可怜此地无车马，颠倒青苔落绛英。"温庭筠形容"海榴开似火，先解报春风"。李贺《遥俗》中有描写"飞向南城去，误落石榴裙"的诗句。

宋代王安石赞美石榴"浓绿万枝红一点，动人春色不须多"。从春到夏，榴花开过不断。梅尧臣《阳武王安之寄石榴》云："安榴若拳石，中蕴丹砂粒。割之珠落盘，不待蛟人泣。"杨万里曾有"雾縠作房珠作骨，水精为醴玉为浆"的诗句赞颂被视为果中珍品的石榴。

从以上诗词中可以看出，古人题咏石榴除以"石榴"为名外，还有以"石榴花""石榴果""石榴树""山石榴""花石榴"等为名的。最早的诗作始于汉代。

二、石榴的植物学特征

5. 石榴的植物学特征包括哪些内容？

石榴的植物学特征是指不同种类（或品种）的石榴各器官的外形特征。石榴各器官的植物学特征包括以下内容。

根：包括根的分布深度和范围，各类根的比例及粗度等。

干：即树的主干。石榴树主干不明显，不加修剪，易形成多干，干不光滑。

枝条：包括各类结果枝、营养枝、徒长枝的比例及相应粗度和长度，枝干皮孔的形状和数量，新梢和枝条颜色等。

芽：包括花芽特性、叶芽特性等。

叶片：包括叶片的长、宽、厚，以及形状、颜色、大小等。

花：包括花的形状和构造，花序类型，花序中花朵数量和花瓣数量，花色等。

树冠：包括树冠的形状、大小等。

6. 石榴有哪些形态特征？

石榴为落叶灌木或小乔木，主干不明显。树干及大的干枝多向一侧扭曲，有散生瘤状突起；夏、秋季节老皮呈斑块状纵向翘裂并剥落。嫩枝柔韧有棱，多呈四棱形或六棱形，先端浅红色或黄绿色；成龄枝棱角消失近似圆形，树皮逐渐变成灰褐色。

石榴叶片呈倒卵圆形或长披针形，全缘，先端圆钝或微尖，幼嫩叶片浅紫红、浅红或黄绿色，成龄叶深绿色。

石榴在结果枝顶端形成花蕾并结果，可以结果1至多个。

石榴花为子房下位的两性花，雌雄同花。花器的最外一轮为花萼，花萼内壁上方着生花瓣，中下部排列着雄蕊，中间着生雌蕊。

7. 石榴的花序属于什么类型？

石榴无论顶生或腋生类型，均为有限的聚伞花序。花序的发生属于假二歧分枝方式，中心花蕾首先发育，侧位花较中心花蕾后发育。

8. 石榴花蕾着生方式有什么特点？

石榴在结果枝顶端着生 1～9 个花蕾不等。因品种不同，其着生方式也多种多样（图1）。

7～9 个蕾的着生方式较多，但有一个共同点：即中间位蕾一般是两性完全花，发育得早且大多数能成果；侧位蕾

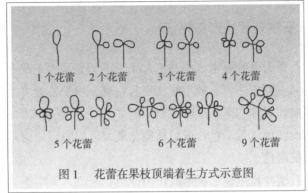

| 1个花蕾 | 2个花蕾 | 3个花蕾 | 4个花蕾 |

5个花蕾　　　6个花蕾　　　9个花蕾

图 1　　花蕾在果枝顶端着生方式示意图

较小而凋萎，也有2～3个发育成果的，但果实较小。

现蕾至开花5～30天。开花早期由于温度低，蕾期经历时间长达20～30天；而后期由于温度高，蕾期时间只有5～12天。簇生蕾主位蕾比侧位蕾开花早，现蕾后随着花蕾增大，萼片开始分离，分离后3～5天花冠开放。花的开放一般在上午8时前后，从花瓣展开到完全凋萎，不同品种经历时间有差别，一般品种需经2～4天，而重瓣花品种需经3～5天。石榴花的散粉时间一般在花瓣展开的第二天，当天并不散粉。

9. 石榴花器官构造及花色有什么特点？

石榴花为子房下位的两性花（图2）。花器的最外一轮为花萼，花萼内壁上方着生花瓣，中下部排列着雄蕊，中间着生雌蕊。

萼片5～8裂，多5～6裂，联生于子房，肥厚宿存。石榴成熟时萼片有圆筒状、闭合状、喇叭状或萼片反卷紧贴果顶等几种方式，其色与果色近似，一般较淡。萼片形状是石

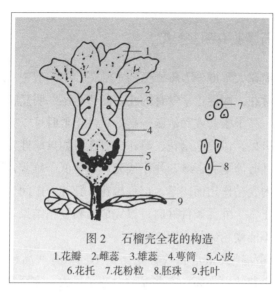

图 2　石榴完全花的构造
1.花瓣　2.雌蕊　3.雄蕊　4.萼筒　5.心皮
6.花托　7.花粉粒　8.胚珠　9.托叶

榴品种分类的重要依据，同一品种萼片形状基本是固定的，但也有例外，即同一品种、同株树由于坐果期早晚萼片形状有多种，因坐果早、中、晚，分为闭合、圆桶状和喇叭状3种。

花瓣有鲜红、乳白、浅紫红3种基色，瓣质薄而有皱折。一般品种花瓣与萼片数相同，通常5～8枚，多数5～6枚，在萼筒内壁呈覆瓦状着生。一些重瓣花品种花瓣数多达23～84枚，花药变花冠形的多达92～102枚。

花冠内有雌蕊1个，居于花冠正中，花柱长10～12毫米，略高、同高或低于雄蕊。雌蕊初为红色或淡青色，成熟的柱头圆形具乳状突起，上有茸毛。

雄蕊花丝多为红色或黄白色，成熟花药及花粉金黄色。花丝长5～10毫米，着生在萼筒内壁上下，下部花丝较长，上部花丝较短。花药数因品种不同差别较大，一般130～390枚不等。石榴的花粉形态为圆球形或椭圆形。

10. 石榴花有哪些类型?

石榴花大致可分为雌雄两性正常花、中间型花、雌性发育不正常花。两性正常发育的花,其萼筒尾部明显膨大,雌蕊粗壮,高于雄蕊或和雄蕊等高,条件正常时可以完成授粉受精而坐果,俗称完全花、雌花、果花。如果雌性发育不正常,则其萼筒尾尖,雌蕊瘦小或无,明显低于雄蕊,不能完成正常的受精作用而凋落,俗称雄花、狂花。中间型花,两性发育正常,外界条件好时可以完成授粉受精结果,条件不良时则不能受粉结果(图3)。

不同品种其正常和败育花比例不同。有些品种总花量大,完全花比例亦高;有些品种总花量虽大,完全花比例却较低;而有些品种总花量虽较少,但完全花比例却较高。

同一品种花期前后其完全花和败育花比例不同,一般前期完全花比例高于后期,而盛花期(6月6—10日)完全花的比例又占花量的75%~85%。

影响开花动态的因素很多,除地理位置、地势、土壤状

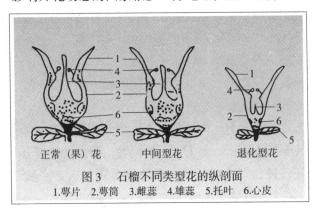

图3　石榴不同类型花的纵剖面
1.萼片 2.萼筒 3.雌蕊 4.雄蕊 5.托叶 6.心皮

正常(果)花　　中间型花　　退化型花

况、温度、雨水等自然因素外，就同一品种的内因而言，与树势强弱、树龄、着生部位、营养状况等有关。树势及母枝强壮的完全花率高；同一品种，随着树龄的增大，其雌蕊退化现象愈加严重；生长在土质肥沃条件下的石榴树比生长在立地条件差处的完全花率高；树冠上部比下部完全花率高，外围比内膛完全花率高。

11. 石榴的叶芽有什么特点？

石榴的芽按性质不同可分为叶芽、中间性芽和花芽3大类。

叶芽是抽生枝梢、扩大树冠的基础，萌发后发育为枝和叶。石榴叶芽外形瘦小，先端尖锐，鳞片狭小，芽体多呈三角形。未结果幼树上的芽都是叶芽，进入结果期后，部分叶芽营养条件好时也可以分化成花芽。

叶芽按着生位置可分为顶芽、侧芽和隐芽。

（1）顶芽　着生于各类枝条先端的芽，叫顶芽。顶芽发育充实且处于顶端优势位置，容易萌发和形成长枝。石榴树只有中间枝才有顶芽，其他营养枝顶芽多退化为针状茎刺。

（2）侧芽　着生于各类枝叶腋间的芽，叫侧芽。侧芽因着生位置不同，萌芽和成枝能力也不同。由于顶端优势的作用，上部侧芽易萌发成中、长枝，中部侧芽抽枝力减弱，下部侧芽多不萌发，或虽萌发但不抽生新枝。

（3）隐芽　1年生枝上当年或翌年春季不能按时萌发而潜伏下来伺机萌发的芽，叫隐芽或潜伏芽。正常情况下，隐芽不能按期萌发。如遇某种刺激（如伤口），使营养物质转向隐芽过量输送时，即萌发形成长、旺枝。石榴隐芽寿命极长，多年生老枝干遇刺激后都可萌发形成旺枝，因而老枝老

干更新复壮比较容易。

12. 石榴的花芽有什么特点？

石榴花芽是混合芽，萌发后先长出一段新梢，在新梢先端形成蕾，并开花结果。混合芽外形较大，呈卵圆形，鳞片包被紧密，多数着生在各种枝组的中间枝（叶丛枝）顶端。石榴树上的混合芽多数分化程度差，发育不良，其外形与叶芽很难区分。这类混合芽发育的果枝，花器发育不良，成为退化花，不能结果，修剪时应剪除。质量好的混合芽多着生在 2～3 年生健壮枝上。

13. 石榴的中间性芽有什么特点？

指各类极短枝上的顶生芽，其周围轮生数叶，无明显腋芽。石榴树中间芽外形近似于混合芽，数量很多，一部分发育成混合芽抽生结果枝；一部分遇到刺激后萌发成旺枝；多数每年仅作微弱生长，仍为中间芽。

14. 石榴的叶有什么特点？

叶是行使光合作用制造有机营养物质的器官。石榴叶片呈倒卵圆形或长披针形，全缘，先端圆钝或微尖。其叶形的变化随着品种、树龄，以及枝条的类型、年龄、着生部位等而不同。叶片质厚，叶脉网状。

幼嫩叶片的颜色因品种不同而分为浅紫红、浅红、黄绿3色。幼叶颜色与生长季节也有关系，春季气温低，幼叶颜

色一般较重，而夏、秋季幼叶相对较浅。成龄叶深绿色，叶面光滑，叶背面颜色较浅，也不及正面光滑。

15. 石榴的根系有哪些作用？

石榴根系发达，扭曲不展，上有瘤状突起，根皮黄褐色。

石榴根系分为骨干根、须根和吸收根三部分。骨干根是指寿命长的较粗大的根，粗度在铅笔粗细以上，相当于地上部的骨干枝。须根是指粗度在铅笔粗细以下的多分枝的细根，相当于地上部1～2年生的小枝和新梢。第三类根就是长在须根（小根）上的白色吸收根，大小、长短形如豆芽的，叫永久性吸收根。它可以继续生长成为骨干根。还有形如白色棉线的细小吸收根，称作暂时性吸收根。它数量非常大，相当于地上部的叶片，寿命不超过1年，是暂时性存在的根。但它是数量大、吸收面积广的主要吸收器官，除了吸收营养、水分之外，还大量合成氨基酸和多种激素，其中主要是细胞分裂素。这种激素输送到地上部，促进细胞分裂和分化，如花芽、叶芽、嫩枝、叶片以及树皮部形成层的分裂分化，幼果细胞的分裂分化等。总之，吸收根的吸收合成功能，与地上部叶片的光合功能，两者都是石榴树赖以生长发育的最主要的功能。须根上生出的白色吸收根，不论是豆芽状的，还是细小白线状的，其上均具有大量的根毛（单细胞），是吸收水分和养分的主要器官。因根毛数量巨大，吸收面积也巨大（图4）。

石榴根系中的骨干根和须根，将吸收根伸展到土层中，大量吸收水分和养分，并与叶片（通过枝干）运来的碳水化合物共同合成氨基酸和激素。所以，根系中的吸收根，不但是吸收器官，也是合成器官。在果园土壤管理上采用深耕、改土、施肥和根系修剪等措施，为吸收根创造好的生长和发展环境，就是依据上述科学规律进行的。

根系的垂直分布：石榴根系分布较浅，其

图4　石榴根系分布

分布与土层厚度有关。土层深厚的地方，垂直根系较深；而在土层薄、多砾石的地方，垂直根系较浅。一般情况下，8年生树骨干根和须根主要分布在0～80厘米深的土层中。累计根量以0～60厘米深的土层中分布最集中，占总根量的80％以上。垂直根深度达180厘米，树冠高与根深之比为3：2，冠幅与根深之比亦为3：2。

根系的水平分布：石榴根系在土壤中的水平分布范围较小，其骨干根主要分布在冠径0～100厘米范围内，而须根的分布范围在20～120厘米处，累计根量分布范围为0～120厘米，占总根量的90％以上，冠幅与根幅之比为1.3：1，冠高与根幅之比为1.25：1，即根系主要分布在树冠内土壤中。

16. 石榴根的生长有什么特点？

石榴根系在1年内有3次生长高峰：第一次在5月15日前后，第二次在6月25日前后，第三次在9月5日前后。从3个峰值看，地上地下生长存在着明显的相关性。5月15日前后，地上部开始进入初花期，枝条生长高峰期刚过，处在叶片增大期，需要消耗大量的养分，根系的高峰生长有利于扩大吸收营养面，吸收更多营养供地上所需，为大量开花坐果做好物质准备。以后地上部大量开花、坐果，造成养分大量消耗，而抑制了地下生长。6月25日前后，大量开花结束进入幼果期，又出现一次根的生长高峰。当第二次峰值过后，根系生长趋于平缓，吸收营养主要供果实生长。第三次生长高峰出现正值果实成熟前期，此与保证完成果实成熟及果实采收后树体积累更多养分、安全越冬有关。随着落叶和地温下降，根系生长越来越慢，至12月上旬当旬30厘米地温稳定通过8℃左右便停止生长，被迫进入休眠。而在翌年春季的3月上中旬当旬30厘米地温稳定通过8℃左右时，又重新开始第二个生长季活动。在年周期生长中，根系活动明显早于地上部活动，即先发根、后萌芽。

17. 石榴的幼芽有哪些颜色？

石榴幼芽的颜色因品种不同而分为浅紫红、浅红、黄绿3色。其幼芽颜色与生长季节也有关系，春季气温低，幼芽颜色一般较重，而夏、秋季幼芽颜色相对较浅。

18. 石榴的果实和种子有哪些特点？

石榴果实成熟时萼片有圆筒状、闭合状、喇叭状或萼片反卷紧贴果顶等几种方式，其色与果色近似，一般较淡。萼片形状是石榴品种分类的重要依据，同一品种萼片形状基本是固定的，但也有例外，即同一品种、同株树由于坐果期早晚萼片形状有多种，因坐果早、中、晚，分为闭合、圆桶状和喇叭状 3 种。

石榴的种子（即籽粒），呈多角体，食用部分为肥厚多汁的外种皮，成熟籽粒分乳白、紫红、鲜红色，由于其可溶性固形物成分含量有别，味分甜、酸甜、涩酸等。内种皮形成种核，有些品种核坚硬（木质化），而有些品种核硬度较低（革质化），成为可直接咀嚼的软籽类品种。籽粒一般在发育成熟后才具有食用价值，其可溶性固形物含量也由低到高。品种不同，籽粒含仁率不同，一般在 60% ～ 90%。同一品种、同一株树，坐果早的含仁率高，坐果晚的含仁率低。

三、石榴的生物学特性

19. 石榴的生物学特性包括哪些内容？

石榴的生物学特性包括物候期，如萌芽期、初花期、盛花期、落花期、新梢生长期、新梢停长期、花芽分化期、落叶休眠期等；生长习性，如根系生长与分布、一生及年生长周期中的生长动态，树高、冠径、干径、各类枝条生长及比例，叶生长与分布特点；开花习性，如芽和花的构造及开花特性，花芽分化的时期与规律，花期早晚与温度的关系，花芽分化与雌雄花比例关系等。

20. 石榴树有哪些优点？

石榴在我国适生分布范围较广，其主要优点如下。

（1）环境要求不高。表现为喜光性强，耐干旱、耐瘠薄、耐盐碱，但对某些农药较敏感。

（2）适应性强。石榴树适应性较强，分布范围较广，世界上有 70 多个国家生产石榴。我国 20 多个省、自治区、直辖市有石榴栽培。石榴树对土壤及不同立地条件的适应性较广，无论山地、丘陵、平原都可种植。

（3）石榴花果双姝。既可作为观赏果树，观花、观果栽培，又可作为果树，成园栽培。

（4）植株较小，易于栽培。石榴树一般树高 3～5 米，如进行密植栽培可控制在 3 米之内，栽培技术要求相对简单，易于丰产；石榴树病虫害较其他许多果树都少，生产上病虫害防治用药少，容易进行无公害生产。

（5）结果早，见效快。石榴萌芽率高，成枝力强。新梢 1 年可抽生 2～3 次副梢，花芽分化时间长，一般 1 年生苗定植 3 年结果。如果采取科学的促控措施，第一年种植，第二年即可结果。

（6）花量大，易坐果，产量稳。石榴树各种类型枝均可形成花芽。花量大，花期长，坐果期抵御自然灾害能力强。石榴树大小年现象不明显，但如果当年挂果量过多，树势易衰弱，会影响来年产量。

（7）种类多，用途广。有鲜食、赏食兼用、加工、观赏型等四大类型。果、叶、花、根皮、树皮都可入药，叶可制作茶叶。果实除鲜食外，也可加工成石榴酒、石榴汁、石榴醋等饮品。

（8）果实易贮藏，好运输。石榴易贮藏，果实可以贮藏至来年的 5 月，延长了果实货架期。果实好运输，便于远距离运销。

（9）寿命长，收益率高。石榴树寿命可达 50～60 年，甚至上百年。因易产生分蘖苗，更新速度快。一次栽植，收益率高。

21. 石榴果实含有哪些营养物质？

石榴果实营养丰富，果用石榴风味酸甜爽口。

石榴果实中含有丰富的糖类、有机酸、矿物质和多种维生素。石榴籽粒出汁率一般为 87%～91%，果汁中可溶性固形物含量 15%～19%，含糖量 10.11%～12.49%，含酸量一般品种为 0.16%～0.40%、酸石榴品种为 2.14%～5.30%，每 100 克鲜汁含维生素 C 11 毫克以上、蛋白质 1.5 毫克、磷 105 毫克、钙 11～13 毫克、铁 0.4～1.6 毫克，还含有人体所必需的天门冬氨酸等 17 种氨基酸。石榴果皮、隔膜及根皮树皮中含单宁 22%以上。

22. 石榴树的生命周期是怎样的？

石榴在其整个生命过程中，存在着生长与结果、衰老与更新、地上部与地下部、整体与局部等矛盾。起初是树体（地上部与地下部）旺盛的离心生长，随着树龄的增长，部分枝条的一些生长点开始转化为生殖器官而开花结果。随着结果数量的不断增加，大量营养物质转向果实和种子，营养生长趋于缓慢，生殖生长占据优势，衰老成分也随之增加。随着部分枝条和根系的死亡引起局部更新，逐渐进入整体的衰老更新过程。在生产上，根据石榴树一生中生长发育的规律性变化，将其一生划分为 5 个年龄时期，即幼树期、结果初期、结果盛期、结果后期和衰老期（图 5）。

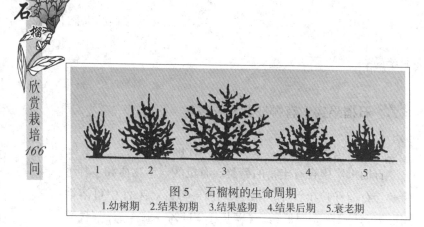

图 5　石榴树的生命周期
1.幼树期　2.结果初期　3.结果盛期　4.结果后期　5.衰老期

（1）幼树期　幼树期是指从苗木定植到开始开花结果，或者从种子萌发到开始开花结果。此期一般无性繁殖苗（扦插苗、分蘖苗等）2 年开花结果，有性繁殖苗 3 年开始开花结果。

这一时期的特点是：以营养生长为主，树冠和根系的离心生长旺盛，开始形成一定的树形；根系和地上部生长量较大，光合和吸收面积扩大，同化物质积累增多，为首次开花结果创造条件；年生长期长，具有 3 次（春、夏、秋）生长。但往往组织不充实，而影响抵御灾害（特别是北方地区的冬季冻害）的能力。

管理上，要从整体上加强树体生长，扩穴深翻，充分供应肥、水，轻修剪、多留枝，促根深叶茂，使尽快形成树冠和牢固的骨架，为早结果、早丰产打下基础。

石榴生产中多采用营养繁殖的苗木，阶段性已成熟，亦即已具备了开花结果的能力，所以定植后的石榴树能否早结果，主要在于形成生殖器官的物质基础是否具备。如果幼树条件适宜，栽培技术得当，则生长健壮、迅速。有一定树形的石榴树开花早且多。

（2）结果初期　从开始结果到有一定经济产量为止。一般树龄 5～7 年。实质上是树体结构基本形成，前期营养生长继续占优势，树体生长仍较旺盛，树冠和根系加速发展，是离心生长的最快时期。随产量的不断增加，地上、地下部生长逐渐减缓，营养生长向生殖生长过渡并渐趋平衡。

结果特点是：单株结果量逐渐增多，而果实初结的小，渐变大，趋于本品种果实固有特性。

管理上，在运用综合管理的基础上，培养好骨干枝，控制利用辅养枝，并注意培养和安排结果枝，使树冠加速形成。

（3）结果盛期　从有经济产量起，经过高额稳定产量期，到产量开始连续下降的初期为止。一般可达 60～80 年。

其特点是：骨干枝离心生长停止，结果枝大量增加，果实产量达到高峰，由于消耗大量营养物质，枝条和根系生长都受到抑制，地上（树冠）地下（根系）亦扩大到最大限度。同时，骨干枝上光照不良部位的结果枝，出现干枯死亡现象，结果部位外移；树冠末端小枝出现死亡，根系中的末端须根也有大量死亡现象。树冠内部开始发生少量生长旺盛的更新枝条，开始向心更新。

管理上，运用好综合管理措施，抓好三个关键：一是充分供应肥水；二是合理地更新修剪，均衡配备营养枝、结果枝和结果预备枝，使生长、结果和花芽形成达到稳定平衡状态；三是坚持疏蕾花、疏果，达到均衡结果的目的。

（4）结果后期　从稳产高产状态被破坏，到产量明显下降，直到产量降到几乎无经济效益为止。一般有 10～20 年的结果龄。

其特点是：新生枝数量减少，开花结果耗费多，而末端枝条和根系大量衰亡，导致同化作用减弱；向心更新增强，病虫害多，树势衰弱。

管理上，疏蕾花、疏果保持树体均衡结果；果园深翻改土增施肥水促进根系更新，适当重剪回缩利用更新枝条延缓衰老。由于石榴蘖生能力很强，可采取基部高培土的办法，促进蘖生苗的形成生长，以备老树更新。

（5）衰老期 从产量降低到几乎无经济收益时开始，到大部分枝干不能正常结果以至死亡时为止。

其特点是：骨干枝、骨干根大量衰亡。结果枝越来越少，老树不易复壮，利用价值已不太大。

管理上，将老树树干伐掉，加强肥水，培养蘖生苗，自然更新。如果提前做好更新准备，在老树未伐掉前，更新的蘖生苗即可挂果。

石榴树各个年龄时期的划分，反映着树体的生长与结果、衰老与更新等矛盾互相转化的过程和阶段。各个时期虽有其明显的形态特征，但又往往是逐步过渡和交错进行的，并无截然的界限。而且各个时期的长短也因品种、苗木（实生苗、营养繁殖苗）、立地条件、气候因子及栽培管理条件而不同。

23. 石榴树的寿命几何？

正常情况下石榴树的寿命在100年左右，甚至更长。在河南省开封县范村就有一株240年的大树（经2～3次换头更新）。另据西藏自治区农牧科学院调查，该区有100～200年生的大树。有性（种子）繁殖后代易发生遗传变异，不易保持母体性状，但寿命较长；无性繁殖后代能够保持母体的优良特性，但寿命比有性繁殖后代要短些。

石榴树"大小年"现象没有明显的周期性，但树体当年的载果量、修剪水平、病虫危害及树体营养状况等都可影响第二年的坐果。

24. 石榴的年生长周期如何？

石榴在我国北方为落叶果树，每年有一个从萌芽、开花、结果到落叶休眠的年生长周期。在这个周期中有两个明显的不同阶段，即相对静止的休眠期和非常活跃的生长期。两个阶段紧密联系，互为基础。

（1）休眠期　石榴在冬季为适应低温和不利的环境条件，树体落叶处于休眠状态，从落叶到萌芽止，为休眠期，大约经过5个月时间（当年10月下旬或11月上旬到翌年3月下旬或4月上中旬）。

石榴树的不同树龄和树体各器官及不同部位休眠期不完全一致，一般幼树比成年树停止生长晚，进入休眠也晚。同一株树的枝芽及小枝比树干进入休眠早。根颈部休眠最晚而解除最早。同一枝的皮层与木质部进入休眠比形成层早。

（2）生长期　石榴从萌芽至落叶为生长期。在生长期里，包含了营养生长（枝叶与根系生长）、生殖生长（开花坐果、果实生长与花芽分化）和营养积累三方面。在整个生长季节它们相互依存又相互制约。

根系与枝叶生长有时同步进行，有时交替生长，反映了营养分配中心的转移。春季根系最早开始活动，给萌芽提供必要的水分、营养和促进细胞分裂和生长的激素。新梢开始迅速伸长生长，二者基本同步。这时期生长所需的营养，主要是上年树体贮藏的营养。新梢经过短暂缓慢生长后进入迅速生长期。在这段时间出现1～2次生长高峰。这时期的营养，主要来自当年同化的营养。根系伸长与新梢生长这时基本上交替进行。以后一段时间大量新梢迅速生长，嫩茎幼叶合成的生长素自上而下运输到根部，表现为地上地下同步生长。

8月下旬后地上营养生长放缓，9～10月根系再次生长。此时期叶片光合强度虽已降低，但因没有新生器官的消耗，可以大量积累营养。在正常落叶前，叶片营养回流，贮藏于芽、枝干和根系中，因而秋季保叶对养根、壮芽和充实枝条具有重要的意义。既要使枝叶生长茂盛，又不能贪青，以利于树体营养的贮藏，并减少营养损失。

生殖生长完全是消耗性的生长发育。开花坐果耗费的营养是树体的贮藏营养，在春季新梢停止生长后，石榴树进入开花坐果期，是当时营养分配的中心。花芽当年第二次分化与果实迅速生长重叠，是当年产量与翌年产量相矛盾的时期，所以应加强肥水供应。10月以后多数品种已采收，树体进入营养积累期，此时保叶不仅壮芽、壮枝，还为翌年结果奠定基础。

25. 石榴花芽分化的基本特点有哪些？

石榴花芽主要由上年生短枝的顶芽发育而成。多年生短枝的顶芽，甚至老茎上的隐芽也能发育成花芽。黄淮地区石榴花芽的形态分化从6月上旬开始，一直到翌年末花开放结束，历时2～10个月不等，既连续，又表现出3个高峰期，即当年的7月上旬、9月下旬和翌年的4月上中旬。与之对应的花期也存在3个高峰期。头批花蕾由较早停止生长的春梢顶芽的中心花蕾组成，翌年5月上中旬开花。第二批花蕾由夏梢顶芽的中心花蕾和头批花芽的腋花蕾组成，翌年5月下旬至6月上旬开花。此两批花结实较可靠，决定石榴的产量和质量。第三批花主要由秋梢于翌年4月上中旬开始形态分化的顶生花蕾及头批花芽的侧花蕾和第二批花芽的腋花蕾组成，于6月中下旬，迟到7月中旬开完最后一批花。此批花因发育时间短，完全花比例低，果实也小，在生产上应适当加以控制。

花芽分化与温度的关系：花芽分化要求较高的温湿条件，其最适温度为月均温20℃±5℃。低温是花芽分化的限制因素，月均温低于10℃时，花芽分化逐渐减弱直至停止。

26. 石榴花期在什么时候？

石榴花期受内在、外在很多因素影响。我国地域广阔，南北自然条件差异较大，因此，不同地点石榴花期不同。同一地点，不同石榴品种，花期也有差异。同一地点，同一品种，在不同年份，石榴花期也不尽相同。同一地点，同一品种，石榴花期约60天。如黄淮地区石榴始花期一般在5月中旬，末花期至7月中旬。

27. 石榴开花动态有何特点？

石榴开花动态较复杂。不同品种，其正常和败育花比例不同。有些品种总花量大，完全花比例亦高；有些品种总花量虽大，完全花比例却较低；而有些品种总花量虽较少，但完全花比例却较高，高达 50.0％以上；有些品种总花量小，完全花比例也较低，只有 15％左右。

同一品种花期前后其完全花和败育花比例不同，一般前期完全花比例高于后期，而盛花期（6 月 6—10 日）完全花的比例又占花量的 75％～85％。

一些特殊年份，由于气候的影响，并不完全遵循以上规律，有与之相反的现象，即前期败育花量大，中后期完全花量大。也有前期完全花量大，中期败育花量大，而到后期又出现完全花量大的现象。

影响开花动态的因素很多，除地理位置、地势、土壤状况、温度、雨水等自然因素外，就同一品种的内因而言，与树势强弱、树龄、着生部位、营养状况等有关。树势及母枝强壮的，完全花率高；同一品种，随着树龄的增大，雌蕊退化现象愈加严重；生长在土质肥沃条件下的石榴树，比生长在立地条件差处的完全花率高；树冠上部比下部、外围比内膛完全花率高。

28. 石榴蕾期与花的开放时间有何特点？

以单蕾绿豆粒大小可辨定为现蕾，现蕾至开花 5～12天。春季蕾期由于温度低，经历时间要长，可达 20～30 天。簇生蕾主位蕾比侧位蕾开花早，现蕾后随着花蕾增大，萼片开始分离，分离后 3～5 天花冠开放。花的开放一般在上午 8 时前后，从花瓣展开到完全凋萎不同品种经历时间有差别，一般品种需经 2～4 天，而重瓣花品种需经 3～5天。石榴花的散粉时间一般在花瓣展开的第二天，当天并不散粉。

29. 石榴的授粉规律有何特点？

石榴自花、异花都可授粉结果，以异花授粉结果为主。

（1）自花授粉　石榴自花授粉结实率平均为 33.3％。品种不同，自花授粉结实率不同。重瓣花品种结实率高达 50％，一般花瓣数品种结实率只有 23.5％左右。

（2）异花授粉　石榴异花授粉结实率平均为 83.9％。其中授以败育花花粉的结实率为 81.0％，授以完全花花粉的结实率为 85.4％。在异花授粉中，白花品种授以红花品种花粉的结实率为 83.3％。完全花和败育花的花粉都具有授精能力，花粉发育都是正常的，不同品种间花粉具有授精能力。

30. 石榴的群体花期一般是多少天？

石榴单朵花花期较短，普通品种，即单瓣花品种（一般品种花瓣数为 5～8 枚），仅有 2～3 天；而重瓣花品种（一般花瓣数为 23～84 枚，花药变花冠形的多达 92～102 枚），花期 3～5 天。单个品种单株花期约 60 天。但就整个果园而言，群体花期可至果实成熟仍能陆续见到花。

31. 石榴果期在什么时候？

石榴果实由下位子房发育而成，成熟果实球形或扁圆形；皮为青、黄、红、黄白色等，有些品种果面有点状或块状果锈，而有些品种果面光洁；果底平坦或尖尾状或有环状突起，萼片肥厚宿存；果皮厚 1～3 毫米，富含单宁，不具食用价值，果皮内包裹着由众多籽粒分别聚居于多心室子房的胎座上，室与室之间以竖膜相隔；每果内有种子 100～900 粒，同一品种同株树上的不同果实，其子房室数不因坐果早晚、果实大小而有大的变化。

石榴从受精坐果到果实成熟采收的生长发育需要 110～120 天，果实发育大致可以分为幼果速生期（前期）、果实缓长期（中期）和采前稳长期（后期）3 个阶段。幼果期出现在坐果后的 5～6 周时间内。此期果实膨大最快，体积增长迅速。果实缓长期出现在坐果后的 6～9 周时间，历时 20 天左右。此期果实膨大较慢，体积增长速度放缓。采前稳长期，亦即果实生长后期、着色期，出现在采收前 6～7 周时间内。此期果实膨大再次转快，体积增长稳定，较果实生长前期慢、中期快，果皮和籽粒颜色由浅变深，达到本品种固有颜色。在果实整个发育过程中，横径生长量始终大于纵径生长量，其生长规律与果实膨大规律相吻合，即前、中、后期为快、缓、较快。但果实发育前期纵径绝对值大于横径，而在果实发育后期至结束，横径绝对值大于纵径（图 6）。

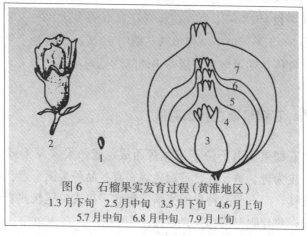

图 6　石榴果实发育过程（黄淮地区）
1.3 月下旬　2.5 月中旬　3.5 月下旬　4.6 月上旬
5.7 月中旬　6.8 月中旬　7.9 月上旬

32. 石榴的坐果率一般是多少？

石榴花期较长，花量大，花又分两性完全花和雌性败育花两种。败育花因不能完成正常受精作用而落花，两性完全花坐果率盛花前期（6月7日）和盛花后期（6月16日）不同，前期完全花比例高，坐果率亦高，为92.2%。随着花期推迟，完全花比例下降，坐果率也随之降低，为83.3%，趋势是先高后低。就石榴全部花计算，坐果率则较低。不同品种完全花比例不同，坐果率不同，在7%～45%。同一品种，树龄不同坐果率不同。成龄树随着树龄的增大，正常花比例减少，退化花比例增大，其坐果率降低。

33. 石榴坐果早晚与产量和品质有何关系？

石榴花期自5月15日前后开始，至7月中旬结束，经历了长达60天的时间。在花期内，坐果愈早，果重、粒重、品质愈高，商品价值愈高。随着坐果期推迟，石榴果实、粒重变小，可溶性固形物含量降低，商品价值下降。而随着坐果期推迟，石榴皮变薄。

34. 石榴果实色泽发育有什么规律？

以石榴成熟时的色泽，可以分为紫色、深红、红色、蜡黄色、青色、白色等。果实鲜艳，果面光洁，果实商品价值高。籽粒色泽比果皮色泽单调些。

决定果实色泽发育的色素主要有叶绿素、胡萝卜素、花青素及黄酮素等。石榴果实的色泽随着果实的发育有 3 个大的变化：第一阶段，花期花瓣及子房为红色或白色，直至授粉受精后花瓣脱落，果实由红或白色渐变为青色，需要 2～3 周；第二阶段，果皮青色，在幼果生长的中后期和果实缓长期；第三阶段在 7 月下旬至 8 月上旬，因坐果期早晚有差别，开始着色，随果实发育成熟，花青素增多，色泽发育为本品种固有特色。

树冠上部、阳面及果实向阳面着色早，树冠下部、内膛、阴面及果实背光面着色晚。

影响着色的因素有树体营养状况、光照、水分、温度等。果树徒长，氮肥使用量过大，营养生长特别旺盛，则不利着色。树冠内膛郁蔽，透光率差，影响着色。一般干燥地区着色好些，在较干旱的地方灌水后上色较好。水分适宜时有利于光合作用进行，而使色素发育良好。昼夜温差大时有利着色，石榴果实接近成熟的 9 月上中旬着色最快，色泽变化明显，与温差大有显著关系。

35. 石榴籽粒品质风味有什么特点？

石榴风味大致可分为 3 类，即甜（含糖量 10％以上，含酸量 0.4％以下，糖酸比 30∶1 以上），酸甜（含糖量 8％以上，含酸量 0.4％以下，糖酸比 30∶1 以下），酸（含糖量 6％以下，含酸量 3％～4％，糖酸比 2∶1 以上）。

36. 石榴的物候期有哪些特点？

我国黄淮地区石榴的物候期及其特点如下。

（1）根系活动期　吸收根在 3 月上中旬（旬 30 厘米平均地温 8.5℃）开始活动。4 月上中旬（旬 30 厘米平均地温 14.8℃）新根大量发生。第一次新根生长高峰出现在 5 月中旬，第二次出现在 6 月下旬。

（2）萌芽展叶期　3 月下旬至 4 月上旬，旬平均气温 11℃时萌芽。随着新芽萌动，嫩枝抽生叶片并展开。

（3）初蕾期　4 月下旬，花蕾如绿豆粒大小，旬平均气温 14℃。

（4）初花期　5 月 15 日前后，旬平均气温 22.7℃左右。

（5）盛花期　5 月 25 日持续到 6 月 15 日前后，历时 20 天。此期亦是坐果盛期，旬平均气温 24～26℃。

（6）末花期　7 月 15 日前后，旬平均气温 29℃左右，开花基本结束，但就整个果园而言，直到果实成熟都可陆续见到花。

（7）果实生长期　5 月下旬至 9 月中下旬，旬平均气温 18～24℃，果实生长期为 120 天左右。

（8）果熟期　9 月中下旬，旬平均气温 18～19℃，因品种不同提前或错后。

（9）落叶期　11 月上中旬，旬平均气温 11℃左右。

石榴地上年生长在旬平均气温稳定通过 11℃时开始或停止。年生长期为 210 天左右，休眠期为 150 天左右。

石榴物候期因栽培地区、不同年份及品种习性的差异而不同，气温是影响物候期的主要因子。我国南方萌芽早、果实成熟早，落叶迟，而在北方则正好相反，因此各产地物候期也不同（表 1）。

表1　不同产地物候期比较

产地	萌芽期	始花期	成熟期	落叶期	备注
河南开封	3月下旬	5月中旬	9月中下旬	10月下旬至11月上旬	大红甜
河北元氏	4月上旬	5月中旬	9月下旬、10月上旬	10月下旬	
山东枣庄	3月下旬	5月中旬	9月下旬	11月上旬	大青皮甜
山西临猗	4月上旬	5月中旬	10月上旬	10月下旬	
陕西临潼	3月底4月初	5月初	9月中下旬	11月初	
安徽怀远	3月下旬	5月中旬	9月中下旬	10月底	
四川会理	2月中旬	3月上旬	8月中下旬	12月上旬	青皮软籽
云南蒙自	2月上旬	3月初	8月中旬	12月中下旬	
新疆喀什	4月上旬	5月中旬	9月下旬、10月上旬	10月中下旬	

四、石榴的地理分布
与生态环境

37. 石榴在世界的分布情况如何？

石榴主要分布在亚热带及温带地区，现在亚洲、非洲、欧洲、美洲等地均有分布，几乎遍布全世界。中国、伊朗、阿富汗、阿塞拜疆、格鲁吉亚、印度、土库曼斯坦、乌兹别克斯坦、朝鲜、韩国、印度尼西亚、日本、黎巴嫩、叙利亚、埃及、突尼斯、利比亚、以色列、土耳其、西班牙、法国、英国、美国、墨西哥等国家均有石榴种植。亚洲的中国、印度，欧洲沿地中海沿岸各国，非洲许多国家栽培虽然也很多，但仍以原产地伊朗及附近地区分布较广。其中伊朗的栽植面积最大，是伊朗主要出口水果。据伊朗官方报道，到 2002 年底，伊朗石榴种植面积 5.7 万公顷，年产石榴 55.5 万吨，年出口欧洲 1 850 吨，创汇 43.6 万美元。并选育了不少优异品种，主要栽培品种为"马拉斯"，果大者 500

克以上，果面浓红，皮薄，籽粒粉红、鲜红色，味酸甜。9月开始成熟，10月采收最多。目前，中国保存石榴种质资源240余个品种，伊朗德黑兰省瓦腊敏研究中心保存180多个石榴品种，美国国家石榴种质资源圃保存300多个石榴品种，日本保存资源60多个。

38. 石榴在我国的水平分布是怎样的？

石榴在我国20余个省、市、自治区有分布。分布范围：北界为河北省的迁安县、顺平县、元氏县；山西省的临汾县、临猗县。西界为甘肃省的临洮县，西藏自治区贡觉、芒康一线，南界至海南省最南端乐东县、三亚市，东界至海边，水平分布的地理坐标为东经98°～122°、北纬19°50′～37°40′。横跨热带常绿果树带、亚热带常绿果树带、云贵高原常绿落叶果树混交带、温带落叶果树带和干旱落叶果树带。内陆高海拔地带由于冬季低温，石榴不能安全越冬，不能种植。

39. 石榴在我国的垂直分布是怎样的？

石榴为人工分布的果树，其垂直分布与水平分布一样受人工传播和气候因素影响，且符合一般植物的垂直分布规律，即随纬度的增加，分布上限降低，其南北海拔高相差约1800米。

石榴生态适生范围较广，在高原盆地、河谷阶地、湖中岛屿、黄淮平原、黄土丘陵、山岳地带地貌上均有踪迹。在气候方面，横跨了热带、南亚热带、中亚热带、北亚热带、

中温带、干旱暖温带 6 个气候带，年平均气温在 10.2～
18.6℃（分布区北界极端最低气温为－18～－23.5℃），≥
10℃年积温为 4 321.9～6 532℃，年日照时数为 1 770～2 665
小时，年降水量为 55～1 600毫米。无霜期 151～365 天。在
土壤方面，适应了热带、亚热带、温带 20 余个土种，
pH5.5～8.5。物候表现从常绿至落叶。

40. 石榴在我国的适宜产区主要包括哪些？

一般而言，凡是冬季绝对气温不低于－13℃，旬最低温
度平均值不低于－7℃地区，均为石榴的适宜产区。凡是冬
季绝对最低气温不低于－15℃，旬最低温度平均值不低于
－9℃地区，为次适产区。低温冻害是限制石榴发展的最关
键因子。

根据各地生态条件，石榴分布现状及其栽培特点，可将
石榴划分为 8 个主要产区。

（1）豫鲁皖苏产区　该区为黄淮平原，包括河南省开封
市、封丘县，山东省枣庄市峄城区和薛城区，安徽省怀远县
和江苏铜山县等主产区。区内年平均气温 13.9～15.4℃，
年降水量 628～901 毫米，无霜期 218 天左右，海拔 70～
150 米。土壤为棕壤、褐土、潮土，pH7.1～8.5。该区交
通条件便利，主产区管理精细、产量高、品质好，但周期性
冻害（几年、十几年不规律）和病虫害是本区生产的主要
障碍。

（2）陕晋产区　该区包括陕西省西安市的临潼区、渭南
市、咸阳市的乾县，河南省荥阳市、巩义市，以及山西省临
汾市、运城市等主产区。此区是我国石榴栽培最早的地区，

也是传播中心，形成了驰名中外的临潼和河阴石榴。石榴主要分布在黄河两侧海拔 600 米左右的黄土丘陵上，除果用外还具有水土保持的功用。区内年平均气温 11.8～13.9℃，无霜期 210～220 天，年降水量 509～685 毫米。土壤为黄壤、褐墢土，pH6.5 左右。本区集中产地管理精细，产量高，但零星分布区管理粗放、病虫害重。

（3）金沙江中游产区　该区包括四川省会理县、攀枝花市郊区及云南省的巧家、元谋、禄丰、会泽 4 县等主产区。石榴分布海拔为 1 300～1 800 米。区内年平均气温 15.4～16.9℃，无霜期 315 天左右，年降水量 750～900 毫米。土壤为灰化红壤等，pH6.5～7.5。在金沙江干旱河谷气候影响下，石榴年生育期比北方长 1 个月左右。在此生态条件下，石榴生长良好，品质较佳，近年发展较快。主要问题是交通外运不便。

（4）滇南产区　该区为横断山南部，包括云南省的蒙自、建水、开远、个旧 4 县（市）等主产区。石榴分布在海拔 1050～1400 米的平坝或低山丘陵地带。区内年平均气温 18.5～20.4℃，无霜期 326～337 天，年降水量 711.8～805.8 毫米。土壤为山地红壤、黄壤，pH4～6。石榴年生长期较长，6 月果实陆续成熟，适宜石榴发展。

（5）三峡产区　该区包括四川省的巫山、奉节、南川、武隆、丰都等市（县）。区内年平均气温 17.5℃，年降水量 1116 毫米，无霜期 311 天。土壤主要为紫色土和潮土。石榴多分布在海拔 200～700 米的四旁地方。由于三峡的旅游开发，近年石榴作为特色经济发展较快，但 5 月长期阴雨影响石榴授粉，后期多雨又易造成烂果。

（6）长江三角洲产区　包括太湖中的东山、西山等半岛和湖中岛屿的山坡、路旁和太湖周边地区，以及江苏如皋、南京，浙江义乌、萧山、富阳、杭州等地。该区生态条件好，年平均气温 15～16℃，无霜期 220～240 天，年降水量1 000～1 200毫米。但 5 月的梅雨季节和石榴成熟时的多雨导致石榴坐果率低和后期烂果重。

（7）新疆叶城、喀什产区　该区属塔里木盆地边缘，包括叶城、喀什、皮山等地，是我国最西部的石榴产区，也是我国石榴栽培独立分布区。区内年平均气温 11.3～11.7℃，极端最低温度－22.7～－24.1℃，无霜期 215 天左右，年降水量 55～65 毫米，土壤为潮土和草甸土。冬季需埋土防冻。干旱、低温影响发展。

（8）三江产区　该区属积石山-祁连山高原山地。石榴分布在西藏自治区东南部三江流域的野生树林内。主要分布在贡觉、芒康境内金沙江、澜沧江、努江、察隅河河谷两岸，年降水量1 200～1 600毫米，海拔1 600～3 000米，为荒坡、田边的野生群落。种类为酸石榴（占 99.4%）、甜石榴（占 0.6%）及极少开花不结实的观赏石榴，多为散生。

41. 石榴生长需要什么样的土壤条件?

土壤是石榴树生长的基础。土壤的质地、厚度、温度、透气性、水分、酸碱度、有机质、微生物区系等，对石榴树地下地上生长发育有着直接的影响。生长在沙壤土上的石榴树，由于土壤疏松、透气性好、微生物活跃，故根系发达，植株健壮，根深、枝壮、叶茂、花期长、结果多。但生长在黏重土壤或土层浅薄、砾石层分布浅，以及河道沙滩土壤肥力贫瘠处的植株，由于透气不良或土壤保水肥、供水肥能力差，导致植株生长缓慢、矮小，根幅、冠幅小、结果量少，果实小，产量低，抗逆能力差。石榴树对土壤酸碱度的要求不太严格，pH 在 4～8.5 之间均可正常生长，但以 pH（7±0.5）的中性和微酸偏碱土壤中生长最适宜。土壤含盐量与石榴冻害有一定相关性，重盐碱区石榴园应特别注意防冻。石榴树对自然的适应能力很强，在多种土壤上（棕壤、黄壤、灰化红壤、褐土、褐墒土、潮土、沙壤土、沙土等）均可健壮生长，对土壤选择要求不严，以沙壤土最佳。

42. 石榴生长需要什么样的光照条件？

石榴树是喜光植物，在年生长发育过程中，特别是石榴果实的中后期生长，果实的着色，光照尤为重要。

光是石榴树进行光合作用，制造有机养分必不可少的能源，是石榴树赖以生存的必要条件之一。光合作用的主要场所是富含叶绿素的绿色石榴叶片，此外是枝、茎、裸露的根、花果等绿色部分，因此生产上保证石榴树的绿色面积很重要。而光照条件的好坏，决定光合产物的多少，直接影响石榴树各器官生长的好坏和产量的高低。光照条件又因不同地区、不同海拔高度和不同的坡向而有差异，此外石榴树的树体结构、叶幕层厚薄与栽植距离有关。一般光照量在我国由南向北随纬度的增加逐渐增多。在山地，从山下往山上，随海拔高度的增加，光照逐渐加强，并且紫外光增加，有利石榴的着色。从坡向看，阳坡比阴坡光照好。石榴树的枝条太密、叶幕层太厚，光照差。石榴树栽植过密光照差，栽植过稀光照利用率低。

石榴果实的着色除与品种特性有关外，与光照条件也有很大关系。阳坡石榴树的果实着色好于阴坡，树冠南边向阳面及树冠外围果着色好。

栽培上要满足石榴树对光照的要求，在适宜栽植地区栽植是基本条件，而合理密植、适当整形修剪、防治病虫害、培养健壮树体则是关键。我国石榴不同栽培区年日照时数在1 000~3 500小时，以年日照2 000小时、9 月日照在200 小时以上地区较为适宜。

43. 石榴生长需要什么样的温度条件?

影响石榴树生长发育的温度，主要表现在空气温度和土壤温度两个方面，温度直接影响着石榴树的水平和垂直分布。石榴属喜温树种，喜温畏寒。据观察，石榴树在旬气温10℃左右时树液流动，11℃时萌芽、抽枝、展叶，日气温24~26℃授粉受精良好，气温18~26℃适合果实生长和种子发育；日气温18~21℃且昼夜温差大时，有助于石榴籽粒糖分积累；当旬平均气温11℃时落叶，地上部进入休眠期。

由于地温变化小，冬季降温晚，春季升温早，所以在北方落叶果树区石榴树根系活动周期比地上器官长，即根系的活动春季早于地上部，而秋季则晚于地上部停止活动。生长在亚热带生态条件下的石榴树，改变了落叶果树的习性，即落叶和萌芽年生长期内无明显的界限，地上地下生长基本上无停止生长期。

石榴从现蕾至果实成熟需≥10℃的有效积温2 000℃以上，年生长期内需≥10℃的有效积温在3 000℃以上。在我国石榴分布区内温度完全可以满足石榴年生长发育需要。

44. 石榴生长需要什么样的水分条件？

水是植物体的重要组成部分。石榴树根、茎、叶、花、果的发育均离不开水分，其各器官含水量分别为：果实80%～90%，籽粒 66.5%～83.0%，嫩枝 65.4%，硬枝53.0%，叶片 65.9%～66.8%。

水直接参加石榴树体内各种物质的合成和转化，也是维持细胞膨压、溶解土壤矿质营养、平衡树体温度不可代替的重要因子。

水分不足和过多都会对石榴树产生不良影响。水分不足，大气湿度小，空气干燥，会使光合作用降低，叶片因细胞失水而凋萎。据测定，当土壤含水量 12%～20%时有利于花芽形成和开花坐果及控制幼树秋季旺长促进枝条成熟；20.9%～28.0%时有利于营养生长；23%～28%时有利于石榴树安全越冬。石榴树属于抗旱力强的树种之一，但干旱仍是影响其正常生长发育的重要原因，在黄土丘陵区以及沙区生长的石榴树，由于无灌溉条件，生长缓慢，比同龄的有灌溉条件的石榴树明显矮小，很易形成"小老树"。水分不足除影响树体营养生长外，对其生殖生长的花芽分化、现蕾开花及坐果和果实膨大都有明显的不利影响。据测定，当30厘米土壤含水量为 5%时，石榴幼树出现暂时萎蔫；含水量降至 3%以下时，则出现永久萎蔫。反之，水分过多，日照不足，光合作用效率显著降低。特别当花期遇雨或连阴雨天气，树体自身开花散粉受影响，而外界因素的昆虫活动受阻，花粉被雨水淋湿，风力无法传播，对坐果影响明显。在果实生长后期遇阴雨天气时，由于光合产物积累少，果实膨大受阻，并影响着色。但当后期天气晴好，光照充足，土壤含水量相对较低时，突然降水和灌水又极易造成裂果。

在我国，石榴分布在年降水量 55～1 600毫米的地区，且降水量大部分集中在 7～9 月的雨季，多数地区干旱是制约石榴丰产、稳产的主要因子。

石榴树对水涝反应也较敏感，果园积水时间较长或土壤长期处于水饱和状态，对石榴树正常生长造成严重影响。生长期连续 4 天积水，叶片发黄脱落，连续积水超过 8 天，植株死亡。石榴树在受水涝之后，由于土壤氧气减少，根系的呼吸作用受到抑制，导致叶片变色枯萎，根系腐烂，树枝干枯，树皮变黑乃至全树干枯死亡。

水分多少除直接影响石榴树的生命活动外，还对土壤温度、大气温度、土壤酸碱度、有害盐类浓度、微生物活动状况产生影响，而对石榴树发生间接作用。

45. 石榴生长需要什么样的风条件？

通过风促进空气中二氧化碳和氧气的流动，可维持石榴园内二氧化碳和氧气的正常浓度，有利光合、呼吸作用的进行。一般的微风、小风可改变林间湿度、温度，调节小气候，提高光合作用和蒸腾效率，解除辐射、霜冻的威胁，有利生长、开花、授粉和果实发育。所以，风对果实生长有密切关系。但风级过大易形成灾害，对石榴树的生长又是不利的。

46. 石榴生长需要什么样的地形条件？

石榴树垂直分布范围较大，从平原地区的海拔 10～20

米，到丘陵、山地2 000米不等。

地势、坡度和坡向的变化常常引起生态因子的变化，从而影响石榴树生长。就自然条件的变化规律而言，一般随海拔增高而温度有规律地下降，空气中的二氧化碳浓度变稀薄，光照强度和紫外光增强。雨量在一定范围内随高度上升而增加。但随垂直高度的增加，坡度增大，植物覆盖程度变差，土壤被冲刷侵蚀程度较为严重。自然条件的变化多数对石榴树的生长发育不利，但在一定范围内随海拔高度的增加，石榴的着色、籽粒品质明显优于低海拔地区。

坡度的大小，对石榴树的生长也有影响。随着坡度的增大，土壤的含水量减少，冲刷程度严重，土壤肥力低、干旱，易形成"小老树"，产量、品质都不佳。坡向对坡地的土壤温度、土壤水分有很大影响，南坡日照时间长，所获得的散射辐射也比水平面多，小气候温暖，物候期开始较早，石榴果实品质也好。但南坡因温度较高，融雪和解冻都较早，蒸发量大，易于干旱。

自然条件对石榴树生长发育的影响，是各种自然因子综合作用的结果。各因子间相互联系，相互影响和相互制约着。在一定条件下，某一因子可能起主导作用，而其他因子处于次要地位。因此，建园前必须把握当地自然条件和主要矛盾，有针对性地制定相应技术措施，以解决关键问题为主、解决次要问题为辅，使外界自然条件的综合影响有利于石榴树的生长和结果。

五、石榴分类、品种与引种

47. 石榴是怎样分类的?

按植物学统一分类办法,石榴为石榴科植物。石榴科有1属,2个种,我国栽培的只有1个种,即石榴(*Punica granatum* L.)。另外在印度洋的索克特拉(Socotra)岛,曾发现一种石榴属的野生种(*Punica protopunica* Balfour),但无栽培价值。1983年我国学者对西藏果树资源考察发现,在"三江"流域海拔1 700～3 000米的察隅河两岸的荒坡上,分布有大量野生石榴群落,其中酸石榴占99.4%,且果小、籽粒酸涩无食用价值,甜石榴占0.6%。

48. 石榴的变种有哪些?

我国石榴栽培种按国内园艺家对石榴种下分类有7个变种,分别为:月季石榴,又名四季石榴(*Punica granatum*

var. *nana*）；白石榴，又名银榴（*Punica granatum* var. *albescens*）；黄石榴（*Punica granatum* var. *flauesens*）；玛瑙石榴（*Punica granatum* var. *legrellei*）；重瓣白石榴（*Punica granatum* var. *muljipex*）；重瓣红石榴（*Punica granatum* var. *plenifloru*）；墨石榴（*Punica granatum* var. *nigra*）。

49. 石榴的品种资源有哪些？

目前，国内对石榴品种资源没有统一标准的分类命名办法，各地主要根据果树学和农艺学的标准进行分类定名，也有以产地定名的，品种定名较混乱。石榴品种按风味（口感）区分，有甜、甜酸、酸（可食）、涩酸（不堪食用）4大类群；按皮的厚度区分，有厚皮、薄皮之别；按籽粒颜色分，有红、粉红、紫红、白、黑等各种差异；也有按籽粒形状定名的；按籽核硬度分，有硬核、半硬核、软核等类型；从栽培学角度分，有食用型、加工型（主要指酸石榴类）、赏食兼用型、观赏型等。笔者根据国内石榴研究资料整理，全国共有石榴品种（类型）238个。

根据栽培目的以及消费习惯，我国石榴品种资源大致可分为4个类型。

（1）食用型 以食用鲜果为主。该类品种一般果实较大，平均果重70～700克以上。外观漂亮，皮色红、黄、白、黄绿等。一般含糖量5％～13％，含酸量0.15％～0.4％，二者比例适合，风味（口感）甜或甜酸（以甜为主，微有酸味），产量较高，是栽培的主要类群。共176个品种。

（2）加工型　主要指酸石榴品种。平均单果重85～600克，最大单果重1 236克。一般含糖量2.24％～8.5％，含酸量3.40％～4.9％，风味（口感）酸或涩酸，不具鲜食价值，籽粒可加工果汁、果酒、饮料等，并有药用价值。共有46个品种。

食用和加工型品种共220个，各省分布情况为：

河南省28个。其中优良品种为大红甜、大白甜、大红袍、范村软籽、薄皮、关爷脸、铜皮、河阴软籽、大钢麻子。其他品种有小红酸、大红酸、落花甜、黄皮酸、马牙黄、鲁庄黄、大青酸、小青酸、南召酸、青皮甜、铁皮、三白酸、胭脂红、冰糖、小叶钢、栾川红、站街黄、南召酸、杨里白。

四川省11个。其中优良品种为青皮软籽、红皮、江驿、软核酸。其他品种有黄皮甜、白皮、黄花皮、红皮酸、青皮酸、黄皮酸、白皮酸。

山东省23个。其中优良品种为大青皮甜、泰山红、大马牙甜、谢花甜、冰糖籽、软仁、大红皮甜。其他品种有蚂蚁渣、大渣子、岗榴、小青皮甜、小红皮甜、红麻皮、三白甜、大青皮酸、大红皮酸、小红皮酸、白皮酸、半口马牙甜、小青皮酸、半口青皮酸、大马牙酸、麻皮糙。

陕西省33个。其中优良品种为大红甜、净皮甜、软籽净皮甜、天红蛋、三白甜、鲁峪蛋、软籽白、软籽红、软籽天红蛋、软籽鲁峪蛋、御石榴、红皮甜、白皮甜。其他品种有红籽白、玫籽白、粉花白、大红酸、鲁峪酸、一串铃、晚霞红、围项子、垢痂皮、银边红、火石榴、笨石榴、绿皮小甜、麻皮小甜、红皮酸、黑皮酸、青皮、酒石榴、甜石榴、代家坝。

安徽省 39 个。其中优良品种为玉石籽、玛瑙籽、青皮、大笨籽、软籽、满园香、水晶。其他品种有青皮糙、粉皮、二笨、笨石榴、白花、铜壳、青皮酸、摇头酸、红皮半口酸、白石榴、火葫芦、铜皮糙、萧县红等。

云南省 41 个。其中优良品种为火炮、红花皮、绿皮、糯石榴、青壳、甜绿籽、柳叶、红皮白子、汤碗、红水晶。其他品种有黑皮、铜壳、红壳、酸青壳、水晶汁、早白、弥长、建水酸、甜砂子、厚皮、酸光圆、酸绿籽、酸光籽、酸沙籽、扁嘴、莹皮、花皮、粗皮、莹皮酸、铜皮、红皮酸、绿皮酸、白花、酸石榴、野石榴、宾居、白水晶、川石榴、红籽、大红籽等。

江苏省 10 个。其中优良品种为大红种、冰糖酥。其他品种有小红种、稍头青、水晶、火皮、虎皮、铜皮、小种、老油头。

河北省 9 个。其中优良品种为大红皮甜、大青皮甜。其他品种有大红皮酸、岗石榴、火石榴、紫皮甜、三白、红籽白、五子登科。

新疆 7 个。其中优良品种为叶城大籽、叶城甜、皮亚曼。其他品种有叶城酸、喀什红籽酸、策勒大甜、策勒酸。

甘肃省 3 个。优良品种为白石榴，其他 2 个为马齿、格子。

山西省 4 个。优良品种为江石榴，其他 3 个为冰糖、三白、朱砂。

广东省 2 个。白籽冰糖、甜果仔均为优良品种。

广西壮族自治区 2 个。优良品种为胭脂红，另一个品种为水清。

浙江省 2 个。优良品种为华墅大红，另一个品种为银榴。

湖南省 6 个。优良品种为糖石榴、红石榴。其他品种有沙壳、花壳、铁壳、鸭蛋。

西藏自治区 2 个。分别为酸石榴、甜石榴。

（3）赏食兼用型　指花冠大、冠径可至 10 厘米以上，花瓣数多，一般达数十枚至上百枚，花色艳，单朵花开放时间可达 7～10 天，花期长至 8 月中下旬的一类品种，极具观赏价值。一般结果率较低，果实较小，单果重 97～350 克，国内新报道的变异株牡丹花石榴果重可达 1 000 克。一般为灌木，树势中强，是典型的果树及观赏植物资源，多作绿化树种利用。共 5 个品种，分别为红花重瓣、白花重瓣、橘红重瓣、金边、洒金丝。

（4）观赏型　其植株矮小，株高一般不超过 1 米，花期较长，以赏花为主，有些品种结果，但果实较小，最大不超过 50 克，一般不具有食用价值。紫果品种有赏果价值，多作盆栽品种。共 11 个品种，分别为海石榴、银花榴、月季、重瓣月季、醉美人、墨石榴、重台紫果、重瓣红、玛瑙、千瓣黄、哑巴。

50. 如何进行石榴异地引种？

我国幅员辽阔，各地自然条件、社会经济条件和生产技术水平差异很大。因此，因地制宜发展石榴生产十分重要。

对引种石榴品种的原则要求，首先是其引种目的。作为绿化观赏用的，应以观赏品种为主；以果实栽培为主的，以其果实的经济性状为主，品质优势突出。二要考虑引种对当地自然条件适应的可能性，而此是引种的关键。

（1）同生态型地区引种　属于同一生态型地区的不同产

地的品种在气候适应上具有较多的共性，相互引种比从不同生态型地区引种成功的可能性较大。可以互相引种。

（2）极限低温与引种　石榴耐寒性较差，能否安全越冬是引种的关键。石榴能忍受的极限低温为－17℃，石榴引种时必须查阅引入地历年气象资料，不要盲目进行。

（3）不同地区引种　石榴起源于亚热带及温带地区，喜暖畏寒。在我国南树北引由于其长期生长在温暖环境中，抗寒能力较差，即使没有极限低温和非正常低温影响，正常年份也可能不能安全越冬。北树南引一般不受影响。

引种时同纬度、同生态区引种易成功，北树南引易成功。我国石榴引种北限为北纬 $37°40'$，至于盆栽或采用保护地栽培另当别论。引种时注意病虫检疫，避免将危险性病虫害带入。

六、石榴繁殖

51. 石榴树的繁殖方法有哪些?

石榴繁殖分为有性繁殖和无性繁殖两种。有性繁殖是用种子繁殖后代,适用于大量繁殖,其后代具有根系深、寿命长、适应性强的优点,但其后代易发生变异,所以实生繁殖的后代多是在培养砧木或培育新品种时采用。石榴的无性繁殖也叫营养繁殖,是用石榴的营养器官(枝、芽、根)的一部分,用人工培育的方法产生新植株。营养繁殖的最大优点是能保持母树的优良性状,且比有性繁殖提前开花。石榴繁殖方式主要是无性繁殖,主要采用硬枝扦插,少数采用嫩枝繁殖、分株繁殖、压条繁殖、嫁接繁殖等。

52. 什么是石榴树硬枝扦插繁殖?

石榴具有极强的无性繁殖生物学特性。硬枝扦插就是利用这种特性，剪采母树上 1～2 年生根蘖条及树冠内的徒长枝中健壮无病虫、已充分木质化的枝条作种条进行繁殖的一种方法。生产上石榴主要采用硬枝扦插方法进行繁殖。

53. 苗圃地选择与规划要求有哪些？

（1）圃地选择　培育优质壮苗选择理想苗圃地，应具备以下条件。

①地势平坦、交通方便。苗圃地应选在地势平坦的地块，在平原地势低洼、排水不畅的地块不宜育苗。而交通方便有利物质和苗木调运。

②土壤肥沃。苗圃地要求土层深厚肥沃（山地苗圃土层要在 50 厘米以上）、质地疏松、pH 为 7.5～8.5（南方为 6.5～7.0）的壤土、沙壤土或轻黏土为宜。

③水源方便，无风沙危害。应有完善的排灌条件，背风向阳，有风障挡护以防冬春两季风沙危害。在我国北方，4～6 月春旱阶段，正处于插穗愈伤组织形成、生根、发芽需水的关键时期，水分供应是育苗成败的关键。

④无危险性病虫。苗圃地选在无危险性病虫源的地块上，如危害苗木严重的地老虎、蛴螬、石榴茎窗蛾、干腐病等，育苗前必须采取有效措施进行预防。

（2）苗圃地规划　规划设计内容有作业区划分，其中苗木繁育占地 95%，防护林占地 3%，道路占地 1%，排灌系统及基本建设占地 1%。

（3）整地与施肥　苗圃地要利用机械或畜力平整土地，在秋末冬初进行深耕，其深度 50 厘米左右，深耕后敞垄越冬，以便土壤风化，并利用冬季低温冻死地下越冬害虫。第二年2月末3月初将地耙平，每公顷施入优质农家肥75米³左右，约75吨，磷肥750千克。然后浅耕25～30厘米，细耙平整做畦。浅耕和浅施基肥在石榴育苗技术中是一个非常有效的措施，因为1年生苗木的大部分根系分布在距地表20～30厘米的土层中，浅施肥可以使根系充分吸收表层土壤养分，促苗木健壮生长。

石榴扦插繁殖一般采用农膜覆盖的育苗方法。苗圃地做畦宽1.8米，长10～20米（山地、丘陵因地制宜），畦埂宽20厘米，高15厘米左右。平畦育苗，便于浇水，有利提高发芽和成活率。

54. 如何进行硬枝扦插的插穗准备？

（1）采条　采条季节为母树落叶后至树液流动前，北方地区为11月中旬至翌年3月上旬，最好在11月中旬至12月中旬，以防冬季冻害；南方地区为12月至翌年1月。剪采母树上的1～2年生根蘖条及树冠内的徒长枝，选择健壮无病虫枝条作种条。

（2）剪穗　剪截插穗时既要保证苗木成活生长，又要做到不浪费种条。插穗长度以15～20厘米为宜（农膜覆盖育苗的插穗长度可为12～15厘米），径粗0.75～1.25厘米为宜。为防止扦插时插穗上下倒置，插穗剪口要上平下斜以区别极性。上剪口下应有1～2个饱满芽，以保证有效发芽。

由种条上、中、下不同部位插穗繁殖的苗木，生长有一定差异。种条中部插穗苗木生长最好，其次是梢部和基部。

在插穗剪截操作过程中，要按种条不同部位剪穗堆放，然后再按粗度分级，直至分区和分畦育苗，缓解苗木个体生

长竞争分化以强凌弱，达到苗木出圃整齐一致的目的。

55. 硬枝扦插的插穗处理方法有哪些？

冬季和早春对插穗进行催根、催芽处理，目的是使插穗伤口提前愈合、生根、发芽，出苗整齐，提高出圃率。催根、催芽方法，冬季有沙藏、窖藏、畜粪催芽3种，早春有阳畦营养钵育苗、农膜覆盖育苗和生根粉浸穗等3种。不论哪种催根、催芽方法，其地址应选择在背风向阳、地势高、排水良好、地下水位2米以下的地方。土壤以沙土为好，以利取穗备插时不损坏根芽及愈伤组织。

（1）沙藏　挖宽1米、深0.7米、长度随插穗多少而定的沙藏沟，然后把插穗混沙散放在沙藏沟内，沙穗厚50厘米，每隔1米间距竖草把一束，以便通气。最后在沟垄上填土超出地表厚30厘米呈屋脊形。沿沟垄长度两侧各开浅沟一条，以利排水，防雨、雪水渗入造成湿度过大插穗霉烂。沙藏至3月上中旬取出育苗。

（2）改良窖藏　挖坑深1.5米、宽2～2.5米、长4～5米的坑窖，坑底中间用砖砌一条宽20厘米、高30厘米的纵直步道。窖室筑成后，将插穗掺沙竖立排放在窖底1～2层，然后覆沙土厚5厘米，窖顶用直径5～10厘米的木棍搭成纵横交错的支架，盖草秸厚50厘米左右呈屋脊形。窖温保持在12～15℃，移栽时插穗已发芽或形成根源组织。移栽时间为4月初，以阴天为好，移栽后用土封埋幼芽，待晚霜结束后扒除封土。

（3）畜粪催芽　挖深50厘米、宽2米、长3～4米或直径3～4米的贮藏坑。坑底中央留50厘米宽的土埂，作取放

插穗的步道。藏坑筑好后，将插穗掺沙散放于坑内，厚度20～30厘米，填沙土与地表平，再堆放畜粪厚50～80厘米。催芽至4月上旬育苗，栽植方法同窖藏。

（4）营养钵阳畦催芽　催芽时间于早春2月上旬进行，是培育1年生大苗的有效措施。挖深30厘米、宽1.5～2米、长5～10米的东西行向阳畦，坑土堆放在坑北侧，堆筑宽40厘米、高70厘米的土墙，两端再筑北高南低的土墙。

营养钵有自行泥制和工业塑料钵两种，为钵高15厘米、直径8～10厘米的圆柱体。营养土按腐熟畜粪、沙土、淤土1：5：4的比例混合而成。装钵时，将插穗放入钵中央加土捣实而成。泥制营养钵加大淤土和水比例团捏而成。然后将营养钵竖直排放在坑底，其上覆厚2厘米左右的沙土，随即喷水，在斜面拱棚架上覆盖农膜，压实。催芽至4月上旬移栽。

（5）吲哚丁酸（IBA）浸穗　用浓度为500毫升/升吲哚丁酸溶液浸根，然后扦插在沙中，保持间歇喷雾条件，其生根率为76.1%、生根数量为40.12条、平均根长为5.15厘米，生根插条全部成活。硬枝插条优于半硬枝插条。

56. 育苗密度多少合适？

适宜的育苗密度是保证苗壮、苗匀和出圃率的关键。综合苗木生长、出圃率分析，育苗株行距以20厘米×30厘米、20厘米×40厘米或20厘米×50厘米为宜。

57. 硬枝扦插育苗时间和方法有什么要求？

（1）育苗时间　根据石榴的物候和冻土状况，在黄淮地区的育苗时间为 11 月下旬至 12 月中旬及春季 2 月下旬至 3 月，云南、四川为 1 月。育苗成活率最高时期为 3 月，最迟不能晚于 4 月上旬。秋季（9～10 月）气温宜于插穗发芽，但不生根，故不是常规的育苗季节。

（2）育苗方法

①露地育苗。在已做好的床面上，用自制的木质 T 形划行器划行打线。用铁锹沿行线垂直插入土中，再向两侧掀动，开出 V 形定植沟，沟深 20 厘米左右。然后将插穗按一定株距插入沟中覆土踏实，覆土厚 1～2 厘米。注意扦插时插穗上下不要倒置。扦插经催根催芽处理的插穗时，应尽量不要损坏愈伤组织和根芽，保证催芽效果。插后浇水，使插穗与土壤密结。适宜中耕时松土保墒以待幼苗出土。

②农膜覆盖育苗法。特别适宜在我国北方干旱地区采用，方法是：先在平整好的苗床上压农膜，然后用铁制扦插器按株行距在膜床上打好孔（孔径稍大于插穗，深度稍小于穗长），再放入插穗即成，地表以上露出插穗 1 厘米左右。农膜覆盖育苗法除节省种条外，较露地提高苗床地温 2.3～3℃，土壤含水率提高 2.18%。土壤湿度的保持和温度的提高，减少了插穗水分的散失，可有效促进插穗愈伤组织的形成和生根发芽。因此，农膜覆盖比露地出苗早，出苗齐，出苗率高，后期生长苗木健壮，出圃率也高。

58. 怎样进行苗期管理？

石榴扦插苗的年生育期，大致可分为依靠插穗本身养分进行愈伤组织形成和生根发芽的自养期，即扦插后 40～60

天内，时间约在 5 月上旬前；生长初期，5 月中旬至 6 月上旬；速生期，6 月中旬至 8 月中旬；生长后期，8 月下旬至 9 月上旬。9 月中旬封顶停止高生长，10 月中旬叶片开始变黄，11 月初开始落叶进入休眠期，年生育期为 182 天左右。以苗高净生长量计算，生长初期占年生长总量的 21.9%，速生期占 70%，生长后期仅占 8.1%。苗木管理要随各时期不同生育特点采取相应的措施。

自养期正处于我国北方的春旱季节，插穗还没有生根，管理以保持土壤湿润为主。

生长初期的管理应以松土除草保墒增温为主，一般松土除草 2～3 次。土壤干旱及时浇水，浇后随即松土保墒。地下害虫有地老虎、蛴螬、蝼蛄，食叶害虫有棉蚜等，应注意防治。

加强苗木速生期的肥水管理是获得壮苗的关键。此时是我国北方的雨季，气温高、雨水充沛、湿度大，是苗木生长的最适时期。从 6 月下旬开始每隔 10 天每公顷沟施尿素 105 千克左右，叶面可喷洒浓度为 0.2% 的磷酸二氢钾液 1～2 次补充营养。此时期注意防治石榴茎窗蛾、黄刺蛾、大袋蛾等害虫。

在生长后期，于 8 月下旬断肥，9 月末断水，土壤上冻前浇封冻水 1 次。

59. 如何确定苗木出圃时间？

苗木出圃时间与建园季节一致，即冬季为落叶后土壤封冻前的 11 月上旬至 12 月，春季为土壤解冻后树体芽萌动前的 2 月下旬至 3 月下旬。

60. 怎样进行起苗？

　　根据苗木根系水平和垂直分布范围，确定掘苗沟的宽度和深度。一般顺苗木行向一侧开挖宽度和深度各 30 厘米的沟壕，然后用铁锨在苗行另一侧（距苗干约 25 厘米处）垂直下切，将苗掘下。在掘苗过程中，注意不要撕裂侧根和苗干。掘苗后，每株苗选留健壮干 1～3 个，剪除多余的细弱干及病虫枝干。

61. 怎样进行苗木分级？

　　苗木出圃后，按照苗木不同苗龄、高度、地径、根系状况进行分级。我国林业行业苗木分级标准（LY/T1893—2010）见表 2。

表 2　苗木分级标准

苗龄	等级	苗高（厘米）	地径（厘米）	侧根条数	侧根长度（厘米）
1 年生	一	≥85	≥0.8	≥6	≥20
	二	65～84	0.6～0.79	4～5	15～19
	三	50～64	0.4～0.59	2～3	<15
2 年生	一	≥100	≥1.0	≥10	≥25
	二	85～99	0.8～0.99	8～9	20～24
	三	60～84	0.6～0.79	6～7	<20

62. 怎样进行苗木假植？

　　苗木经修剪、分级后，若不能及时栽植，要就地按品

种、苗龄分级假植。假植地应选择在背风向阳、地势平坦高燥的地方。先从假植地块的南端开始开挖东西走向、宽度和深度各 40 厘米、长度 15～20 米的假植沟，挖出的土堆放于沟的南侧。待第一假植沟挖成后，将苗木根朝北、梢朝南稍倾斜排放于沟内。然后开挖第二条假植沟，其沟土翻入前假植沟内，覆盖苗 2/3 高度，厚度为 8～10 厘米。如此反复，直至苗木假植完为止。假植好后要浇水 1 次。这种假植方法主要是为了防止冬季北风侵入假植沟内，保护苗木不受冻害。在假植期要经常检查，一防受冻，二防苗木失水干死，三防发生霉烂。

63. 石榴树如何进行嫩枝扦插繁殖?

嫩枝扦插又叫绿枝扦插，是在石榴生长季节，利用半木质化新枝进行扦插育苗、提高苗木繁殖系数的一种方法。扦插时间多在 6 月。嫩枝扦插采条剪穗等方法与硬枝扦插相同，其不同点是：插穗上部留叶 1～2 对，其余叶片全部摘除。插穗采下后要随即放入清水中或用湿布包好，防止萎蔫，尽快带到苗床扦插。苗床基质为沙质土，上架北高南低的荫棚，扦插后每天早晚各洒水 1 次，以保持苗床湿润，并注意地老虎、蝼蛄等地下害虫的防治和除草工作，待生根发芽后逐渐拆除遮盖物。

64. 石榴树如何进行分株繁殖?

分株繁殖又叫分根或分蘖繁殖，是利用母树基部表层根系上不定芽自然萌发的根蘖苗，与母树分离成为新植株的方法。分株繁殖是一种传统的苗木繁殖方法，因其繁殖数量少，只能成为苗木繁殖的补充方法，在资源搜集和引种工作中常采用。分株繁殖可采取人工干涉措施以增加产苗量，即每年落叶后，将母树周围表土挖开，露出根系，在1～3厘米粗的根系上间隔10～15厘米刻伤，施肥、浇水后覆土，促使产生较多的根蘖苗。为使伤根愈合和促使根蘖苗发根，在7月扒开根系，将各分蘖株剪断脱离母树，再覆土加强管理，待落叶后起苗栽植。

65. 石榴树如何进行压条繁殖？

将母树上1～2年生枝条上部埋入土中，待生根后与母树分离成为新植株的繁殖方法。压条繁殖又可分为直立压条和水平压条两种方法。

(1) 直立压条　在距地表10厘米左右处将母树干茎基部萌条刻伤，然后培土20厘米厚呈馒头状土堆，在生长期内要保持土壤湿度，冬春建园时扒开土堆，将生根植株从根部以下剪断，与母树分离，成为新的个体用于栽植（图7）。

(2) 水平压条　把树干近地面枝条剪去侧枝，呈弧形状埋入长50厘米（随枝条长度而定）、宽30厘米、深20～25厘米的沟内，枝条先端外露。然后填土踩实，为防止压条弹出坑外，可用木钩卡在坑内，保持土壤湿度。6月中旬压条开始发根，以后随根量增加，压条基部坑外部分逐渐萎缩变细，前部增粗发枝生长。于8月中旬从基部剪断与母树分离，成为新的植株。一般压枝一条，成苗一株。若欲压枝成苗数株时，再将其分段剪断分离成各个新植株（图8）。

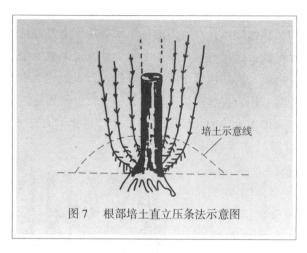

图 7 　根部培土直立压条法示意图

图 8 　水平压条法示意图

66. 石榴树如何进行嫁接繁殖?

石榴嫁接繁殖常在杂交育种、园艺观赏、品种改良中应用。通过嫁接可使杂种后代提早开花结果、同一植株上有不同品种花果、提高观赏价值、劣质品种改接为优良品种等。在石榴嫁接繁殖中,丁字芽接法较其他方法适用,具有节省接穗、技术简便、成活率高的优点。

芽接时间在7～8月，选择生长粗壮、无病虫害、根系发达的植株作砧木，在所需的树上采集1年生发育良好的枝条为接芽穗。嫁接时，在砧木2年生枝光滑无疤处用芽接刀先刻一横弧，再从横弧中间向下纵切一刀，长约2厘米，深达木质部，用刀尖将两边皮层剥开一点，以便插芽。再从接穗上切取带1个芽的长约2厘米的芽片迅速贴入砧木切口，然后用塑料条等捆绑材料将芽片缠紧系好，露留芽苞，则完成了芽接的全部工序（图9）。品种改良和观赏树种，一株树上可以嫁接多个芽或多个品种。杂种后代的嫁接应严格选择枝位和部位，以减小产量等试验误差。

图9 丁字芽接示意图
1. 削取芽片 2. 取下的芽片
3. 插入芽片 4. 绑缚

石榴皮层薄，单宁含量高，影响嫁接成活率，因此在嫁接操作中，动作要快捷，使切口和芽片在空气中暴露时间最短，以提高成活率。嫁接后5天扭梢，10天解绳剪梢，成活的接芽即萌发生长。成龄树的改接，可到翌年2月末3月初解除捆绑的塑料条，并于接芽上方5厘米处剪去上部枝条，使接芽萌生形成新的树冠。接芽成活后，要注意及时抹除非接芽和病虫害的防治，保证接芽健壮生长。

七、石榴栽培的土、肥、水管理

67. 怎样给石榴树扩穴和深翻改土？

土壤是石榴树生长的基础。根系吸收营养物质和水分都是通过土壤来进行的。土层的厚薄、土壤质地的好坏和肥力的高低，都直接影响着石榴树的生长发育。重视土壤改良，创造一个深、松、肥的土壤环境，是早果、丰产、稳产和优质的基本条件。

（1）扩穴　在幼树定植后几年内，随着树冠的扩大和根系的延伸，在定植穴石榴树根际外围进行深耕扩穴，挖深20～30厘米、宽40厘米的环形深翻带。树冠下根群区内，也要适度深翻、熟化。

（2）深翻　成年果园一般土壤坚实板结，根系已布满全园，为避免伤断大根及伤根过多，可在树冠外围进行条沟状或放射状沟深耕，也可采用隔株或隔行深耕，分年进行。

扩穴和深翻时间一般在落叶后、封冻前结合施基肥进行。其作用：第一，改善土壤理化性，提高其肥力；第二，翻出越冬害虫，以便被鸟类啄食或在空气中冻死，降低害虫越冬基数，减轻翌年危害；第三，铲除浮根，促使根系下扎，提高植株的抗逆能力；第四，石榴树根蘖较多，消耗大量的水分养分，结合扩穴，修剪掉根蘖，使养分集中供应树体生长。

68. 如何进行果园间作？

幼龄果园株行间空隙地多，合理间种作物可以提高土地利用率，增加收益，以园养园。成年园种植覆盖作物或种植绿肥也属果园间作，但目的在于增加土壤有机质，提高土壤肥力。

果园间作的根本出发点，在考虑提高土地利用率的同时，要注意有利于果树的生长和早期丰产，且有利于提高土壤肥力。切莫喧宾夺主，只顾间作，不顾石榴树的死活。

石榴园可间种蔬菜、花生、豆科作物、薯类、禾谷类、中药材、绿肥、花卉育苗等低秆作物。

石榴园不可间种高粱、玉米等高秆作物，以及瓜类或其他藤本等攀缘植物；同时间种的作物不能有与石榴树相同的病虫害或中间寄主。长期连作易造成某种作物病原菌在土壤中积存过多，对石榴树和间种作物生长发育均不利，故宜实行轮作和换茬。

总之，因地制宜地选择优良间种作物和加强果、粮的管理，是获得果粮双丰收的重要条件之一。一般山地、丘陵、黄土坡地等土壤瘠薄的果园，可间作耐旱、耐瘠薄等适应性强的作物，如谷子、麦类、豆类、薯类、绿肥作物等；平原沙地果园，可间作花生、薯类、麦类、绿肥等；城市郊区平地果园，一般土层厚，土质肥沃，肥水条件较好，除间作粮油作物外，可间作菜类和药类植物。间作形式一年一茬或一年两茬均可。为缓和间种作物与石榴树的肥水矛盾，树行上应留出 1 米宽不间作的营养带。

69. 如何进行果园中耕除草？

中耕除草是石榴园管理中一项经常性的工作。目的在于防止和减少在石榴树生长期间，杂草与果树竞争养分与水分，同时减少土壤水分蒸发、疏松土壤，改善土壤通气状况，促进土壤微生物活动，有利于难溶状态养分的分解，提高土壤肥力。在雨后或灌水后进行中耕，可防止土壤板结，增强蓄水、保水能力。因此，在生长期要做到"有草必锄，雨后必锄，灌水后必锄"。

中耕锄草的次数应根据气候、土壤和杂草多少而定，一般全年可进行 4～8 次。间种作物的，结合间种作物的管理进行。中耕深度以 6～10 厘米为宜，以除去杂草、切断土壤毛细管为度。树盘内的土壤应经常保持疏松无草状态，但可进行覆盖。树盘土壤只宜浅耕，过深易伤根系，对石榴树生长不利。

70. 石榴园如何应用好除草剂？

可根据石榴园杂草种类使用除草剂，以消灭杂草。化学除草剂的种类很多，性能各异，根据其对植物作用的方式，可分为灭生性除草剂和选择性除草剂。灭生性除草剂对所有植物都有毒性，如五氯酚钠、百草枯等，石榴园禁用。选择性除草剂是在一定剂量范围内，对一定类型或种属的植物有毒性，而对另一些类型或种属的植物无毒性或毒性很低，如扑草净、利谷隆等。所以使用除草剂前，必须首先了解除草剂的性能、使用方法，并根据石榴园杂草种类对除草剂的敏感程度及忍耐性等决定使用除草剂的种类、浓度和用药量。

扑草净：杀草范围广，对双子叶杂草杀伤力大于单子叶杂草。可在杂草萌发时或中耕后每公顷使用扑草净1 500～2 250克，或喷施400倍液，有效期30～45天。

利谷隆：杀草范围广，杀伤力强。对马齿苋、铁苋菜、绿苋、藜藜、牵牛花等防效达100%。每公顷用量900～3 000克，对水喷洒。

茅草枯：防除禾本科杂草。杂草幼小时使用效果最佳，每公顷用药量3 000～7 500克，有效期30～60天。

园地莎草用25%灭草灵防除，每公顷用18～22.5千克拌土撒施。

上面介绍的是在无间种作物石榴园使用几种除草剂的方法。如种植作物，要根据种植作物种类，保证在不影响石榴树正常生长情况下，决定使用除草剂种类、时间、方法。目前有很多新品种除草剂，可选择使用。

无公害石榴果园禁止使用除草醚和草枯醚，这两种除草剂毒性残效期长，有残留。

71. 如何进行园地覆盖？有哪些好处？

（1）树盘覆膜　早春土壤解冻后灌水，然后覆膜，以促进地下根系尽早活动。其操作方法为：以树干为中心做成内低外高的漏斗状，要求土面平整，覆盖普通的农用薄膜，使膜土密结，中间留一孔，并用土将孔盖住，以便渗水。最后将薄膜四周用土埋住，以防被风刮掉。树盘覆盖大小与树冠径相同。

覆盖地膜能减少土壤水分散失，提高土壤含水率，又提高了土壤温度，使石榴树地下活动提早，相应的地上活动也提早。地膜覆盖特别在干旱地区，其对树体生长的影响效果更显著。

（2）园地覆草　在春季石榴树发芽前，要求树下浅耕1次，然后覆草10～15厘米厚。低龄树因考虑作物间作，一般采用树盘覆盖；而对成龄果园，已不适宜间种作物，此时由于树体增大，坐果量增加，耗损大量养分，需要培肥地力，故一般采用全园覆盖，以后每年续铺，保持覆草厚度。适宜作覆盖材料的种类很多，如厩肥、落叶、作物秸秆、锯末、杂草、河泥，或其他土杂肥混合而成的熟性肥料等。原则是：就地取材，因地而异。

石榴园连年覆草有多重效益。一是覆盖物腐烂后，表层腐殖质增厚，土壤有机质含量以及速效氮、速效磷量增加，明显地培肥了土壤；二是平衡土壤含水量，增加土壤持水功能，防止泾流，减少蒸发，保墒抗旱；三是调节土壤温度，4月中旬0～20厘米土壤温度，覆草比不覆草平均低0.5℃左右，而冬季最冷月1月平均高0.6℃左右，夏季有利于根系正常生长，冬春季可延长根系活动时间；四是增加根量，促进树势健壮，其覆草的最终效应是果树产量的提高。

石榴园覆草效应明显，但要注意防治鼠害。老鼠主要危害石榴根系。据调查，遭鼠害严重的有4种果园：杂草丛生荒芜果园；坟地果园；冬春季窝棚、房屋不住人的周围果园；地势较高果园。其防治办法有：消灭草荒，树干周围0.5米范围内不覆草，撒鼠药毒害，保护天敌蛇、猫头鹰等。

（3）干基培土　对山地、丘陵等土壤瘠薄的石榴园，培土增厚了土层，防止根系裸露，提高了土壤的保水保肥和抗旱性，增加了可供树体生长所需养分的能力。在我国黄河流域及以北地区，培土可提高树体的抗寒能力，降低冻害。培土一般在落叶后结合冬剪和土、肥管理进行，培土高度30～80厘米。因石榴树基部易产生根蘖，培土有利于根蘖的发生和生长。春暖时及时清除培土，并在生长季节及时除萌。

72. 石榴园允许和禁止使用的肥料有哪些?

（1）农家肥　凡属动物性和植物性的有机物统称为农家肥，也称有机肥料。如腐殖酸类肥料、人畜粪尿、饼肥、厩肥、堆肥、垃圾、杂草、绿肥、作物秸秆、枯叶，以及骨粉、屠宰场和糖厂的下脚料等。有机肥养分全面，不但含有石榴树生长发育必需的氮、磷、钾等大量元素，而且还含有微生物群落和大量有机物及其降解产物，如维生素、生物物质，以及多种营养成分和微量元素。大多数有机肥料都是通过微生物的缓慢分解作用释放养分，所以在整个生长期均可以持续不断地发挥肥效，来满足石榴不同生长发育阶段和不同器官对养分的需求。有机肥是较长时期供给石榴树多种养分的基础肥料，所以又称"完全肥料"，常作基肥施用。

长期施用有机肥料，能够提高土壤的缓冲性和持水性，增加土壤的团粒结构，促进微生物的活动，改善土壤的理化性质，提高土壤肥力。果树施用有机肥很少发生缺素症，而且只要施用腐熟的有机肥和施用方法得当，果园很少发生某种营养元素过量的危害。

在应用有机肥料时，一定注意应用腐熟的肥料。无论选用何种原料配的有机肥，均需经高温（50℃以上）发酵7天以上，消灭病菌、虫卵、杂草种子，去除有害的有机酸和有害气体，使之达到无害化标准。如用沼气发酵，密封贮存期应在30天以上。未经腐熟就施用，有伤根的危险，并且易生虫害，对根系不利。如果施用未腐熟的秸秆、垃圾、绿肥等，应加施少量的氮肥，如清粪水或尿素等，以促进其腐熟分解。

（2）绿肥　凡是以植物的绿色部分耕翻入土中当作绿色肥料使用的均称绿肥，为有机肥料。石榴园利用行间空地栽培绿肥，或利用园外野生植物的鲜嫩茎叶做肥料，是解决果园有机肥料不足、节约投资、培肥果园土壤肥力、进行无公害栽培的重要措施。

成龄果园的行间，一般不宜再间种作物。如果长期采用"清耕法"管理，即耕后休闲，土壤有机质含量将逐渐减少，肥力下降，同时土壤易受冲刷，不利石榴园水土保持。果园间种绿肥，具有增加土壤有机质、促进微生物活动、改善土壤结构、提高土壤肥力的功效，并达到以园养园的目的。

绿肥作物多数都具有强大的根系，生长迅速，绿色体积大，适应性强。其茎叶含有丰富的有机质，在新鲜的绿肥中有机质含量为10％～15％。豆科绿肥作物含有氮、磷、钾等多种营养元素，尤以氮素含量更丰富，其全氮含量、全钾含量高于或相当于人粪尿；其根系中的根瘤菌可有效地吸收和固定土壤和空气中的氮素；而根系分泌的有机酸，可使土壤中的难溶性养分分解而被吸收；同时根系发达，深可达1～2米，甚至2～4米，可有效地吸收深层养分。果园种植绿肥，因植株覆盖地面有调节温度、减少蒸发、防风固沙、保持水土等多重效应。

绿肥作物种类很多，要因地、因时合理选择。秋播绿肥有苕子、豌豆、蚕豆、紫云英、黄花苜蓿等。春夏绿肥可种印度豇豆、绿豆、田菁、檉麻等。田菁、檉麻因茎秆较高，一年至少刈割2次。沙地可种沙打旺等，盐碱地可种苕子、草木樨等。

我国北方常见的几种绿肥作物见表3。

绿肥利用方法：一是直接翻压在树冠下，压后灌水以利腐烂。适用低秆绿肥。二是刈割后易地堆沤，待腐烂后取出施于树下。一般适于高秆绿肥，如檉麻等。

（3）微生物肥　微生物肥料的种类很多，如果按其制品中特定的微生物种类可分为细菌肥料（如根瘤菌肥、固氮菌肥）、放射菌肥（如抗生菌类、5406）、真菌类肥（如菌根真菌）等；按其作用机理又可分为根瘤菌类肥料、固氮菌肥料、解磷菌类肥料、解钾菌类肥料等；按其制品中微生物的种类又可分为单纯的微生物肥料和复合微生物肥料。

微生物肥料是活的生物体，有效期限通常为半年至一年，施用方法比化肥、有机肥料要求严格。因此，购买后要尽快施到地里，并且开袋后要一次用完。若未用完要妥善保管，防止肥料中的细菌传播。主要用作基肥，不宜叶面喷施，不能代替化肥的使用。可以单独施入土壤中，但最好是和有机肥料（如渣土）混合使用，不要和化学肥料混合使用。要施入作物根际正下方，不要离根太远。施后及时盖

土，不要让阳光直射到菌肥上。

表3　石榴园主要间作绿肥及栽培利用

品种	播种量（千克/公顷）	播期	刈割压青期	产草量（千克/公顷）	养分含量（％）			适种区域
					N	P$_2$O$_5$	K$_2$O	
苕子	45～60	8月下至9月上	4月中下	60～75	0.52	0.11	0.35	秦岭、淮河以北盐碱地外
紫云英	22.5～30	8月下至9月上	4月中下	45～60	0.33	0.08	0.23	黄河以南盐碱地外
草木樨	22.5～30	8月下至9月上	4月下	45～60	0.48	0.13	0.44	华南以外，全国大部分非涝区
紫穗槐	30～37.5	春、夏、秋	年割2～3次	30～45	1.32	0.36	0.79	华南以外，全国大部分园外四旁地栽植
田菁	45～75	春、夏	6月中至9月上	30～45	0.52	0.07	0.15	全国
柽麻	45～60	春、夏	播后50天，年割2～3次	30～45	0.78	0.15	0.30	长城以南广大非严寒区
绿豆	30～45	4月中至6月中	8月中下	15～30	0.60	0.12	0.58	全国
豌豆	60～75	9月中下	5月上	15～30	0.51	0.15	0.52	华北外的广大地区

（4）化肥　又称无机肥料，具有多种类型。一类是由1种元素构成的单元素化肥，如尿素；另一类是由2种以上元

素构成的复合化肥，如磷酸二氢钾等。

化肥的突出优点是：养分元素明确，含量高，施用方便，好保存，分解快，易被吸收，肥效快而高，可以及时补充石榴树所需的营养。

化肥也有明显的缺点：长期单独施用或用量过多，易改变土壤的酸碱度，并破坏其结构，使土壤板结，土壤结构和理化性质变劣，土壤的水、肥、气、热不协调。施用不当，易导致缺素症发生。过量施用，易造成局部浓度过高，从根系和枝叶中倒吸水分，而伤根、叶，导致肥害；或被土壤固定，或发生流失，造成浪费。

所以，要求石榴园的施肥制度要以有机肥为主、化肥为辅，化肥与有机肥相结合，土壤施肥与叶面喷肥相结合，相互取长补短。使用时要掌握用量，撒施均匀，减少单施化肥给土壤带来的不良影响。

（5）禁止使用的肥料 ①未经无害化处理的城市垃圾或含有金属橡胶和有害物质的垃圾。②硝态氮肥和未腐熟的人粪尿。③未获准登记的肥料产品。

73. 什么时期施肥效果好？

适宜的施肥时间，应根据果树的需肥期和肥料的种类及性质综合考虑。石榴树的需肥时期，与根系和新梢生长、开花坐果、果实生长和花芽分化等各个器官在一年中的生长发育动态是一致的。几个关键时期供肥的质和量是否能够满足，以及是否供应及时，不仅影响当年产量，还会影响翌年产量。

施肥时期还应考虑采用的肥料种类和性质。迟效性肥料

应距石榴树需肥期较早施入；容易挥发的速效性肥料或易被土壤固定的肥料，宜距石榴树需肥期较近施入。

（1）基肥　基肥以有机肥为主，是较长时期供给石榴树多种养分的基础性肥料。

基肥的施用时期，分为秋施和春施。春施时间在解冻后到萌芽前。秋施在石榴树落叶前后，即秋末冬初结合秋耕或深翻施入。以秋施效果最好。因此时根系尚未停止生长，断根后易愈合并能产生大量新根，增强了根系的吸收能力，所施肥料可以尽早发挥作用；地上部生长基本停止，有机营养消耗少，积累多，能提高树体贮藏营养水平，增强抗寒能力，有利于树体的安全越冬；能促进翌年春新梢的前期生长，减少败育花比率，提高坐果率；石榴树施基肥工作量较大，秋施相对是农闲季节，便于进行。

（2）追肥　追肥又称补肥，是在石榴树年生长期中几个需肥关键时期进行的施肥。追肥是满足生长发育的需要，也是当年壮树、高产、优质及来年继续丰产的基础。追肥宜用速效性肥，通常用无机化肥或腐熟人畜粪尿及饼肥、微肥等。

追肥包括土壤施肥和叶面喷肥。追肥针对性要强，次数和时期与树势、生长结果情况及气候、土质、树龄等有关。石榴树追肥一般掌握 3 个关键时期。

①花前追肥。春季地温较低，基肥分解缓慢，难以满足春季枝叶生长及现蕾开花所需大量养分，需以追肥方式补给。此次追肥（沿黄地区 4 月下旬至 5 月上旬）以速效氮肥为主，辅以磷肥。追肥后可促使营养生长及花芽萌芽整齐，增加完全花比例，减少落花，提高坐果率，特别对提高早期花坐果率（构成产量的主要因子）效果明显。对弱树、老树，以及土壤肥力差、基肥施得少的地块，应加大施肥量。

对树势强、基肥数量充足者可少施或不施。花前肥也可推迟到花后，以免引起徒长，导致落花落果加重。

②盛花末期和幼果膨大期追肥。石榴花期长达2个月以上，盛花期20天左右。由于石榴树大量营养生长、大量开花同时伴随着幼果膨大、花芽分化，此期消耗养分最多，要求补充量也最多，此期追肥可促进营养生长，扩大叶面积，提高光合效能，有利于有机营养的合成补充，减少生理落果，促进花芽分化，既保证当年丰产，又为下年丰产打下基础。此次追肥要氮、磷配合，适量施钾。一般花前肥和花后肥互为补充。如果花前追肥量大，花后也可不施。

③果实膨大和着色期追肥。时间在果实采收前的15～30天进行，这时正是石榴果实迅速膨大期和着色期。此期追肥可促进果实着色、果实膨大、果形整齐，提高品质，增加果实商品率；可提高树体营养物质积累，为9月下旬第二次花芽分化高峰的到来做好物质准备；可提高树体的抗寒越冬能力。此次追肥以磷、钾肥为主，辅之以氮肥。

74. 如何确定施肥量？

石榴树一生中需肥情况，因树龄的增长、结果量的增加及环境条件变化等而不同。正确地确定施肥量，要依据树体生长结果的需肥量、土壤养分供给能力、肥料利用率三者来计算。一般每生产1 000千克果实，需吸收纯氮5～8千克。

土壤中一般都含有石榴树需要的营养元素，但因其肥力不同，供给树体可吸收的营养量有很大差别。一般山地、丘陵、沙地果园土壤瘠薄，施肥量宜大；土壤肥沃的平地果园，养分含量较为丰富，可释放潜力大，施肥量可适当减

少。土壤供肥量的计算，一般氮为吸收量的 1/3，磷、钾约为吸收量的 1/2（表4）。

表4　黄淮地区适宜发展石榴的主要土壤耕层化学性

土类	pH	有机质（%）	全N（%）	全P（%）	全K（%）
棕壤	5.8～6.3	0.319～0.898	0.01～0.143	0.160～0.233	0.62～0.79
褐土	7.2～7.8	0.47～0.50	0.029～0.030	0.089～0.099	1.82～1.83
碳酸盐褐土	7.8～8.5	0.31～0.67	0.024～0.045	0.105～0.117	1.95～1.98
黄垆土	6.5～6.8	0.671～1.047	0.019～0.035	0.121～0.163	2.38～2.76
黄棕壤	6.2～6.3	0.408～0.759	0.017～0.040	0.078～0.087	2.58～2.66
黄刚土	7.2～7.6	0.48～0.78	0.041～0.064	0.021～0.104	2.12～2.84
沙土	9.0	0.17～0.23	0.017～0.023	0.016	2.0～2.6
淤土	8.5～8.8	0.68～0.91	0.055～0.071	0.154	2.38
两合土	8.7～8.8	0.48～0.72	0.035～0.044	0.153	2.0～2.6
砂姜黑土	6.6～7.0	0.596～1.060	0.050～0.072	0.02～0.049	2.01～2.35

施入土壤中的肥料由于土壤固定、侵蚀、流失、地下渗漏或挥发等，不能被完全吸收。肥料利用率一般氮为 50%，磷为 30%，钾为 40%。现将各种有机肥料、无机肥料的主要养分列于表5、表6，以供计算施肥量时参考。

表5　石榴园适用有机肥料的种类与成分（％）

肥类	水分	有机质	氮（N）	磷（P）	钾（K）
人粪尿	80以上	5～10	0.5～0.8	0.2～0.4	0.2～0.3
猪厩粪	72.4	25.0	0.45	0.19	0.60
牛厩粪	77.4	20.3	0.34	0.16	0.40
马厩粪	71.3	25.4	0.58	0.28	0.53
羊圈粪	64.6	31.8	0.83	0.23	0.67
鸽　粪	51.0	30.8	1.76	1.73	1.00
鸡　粪	56.0	25.5	1.63	1.54	0.85
鸭　粪	56.6	26.2	1.00	1.40	0.62
鹅　粪	77.1	13.4	0.55	0.54	0.95
蚕　粪	—	—	2.64	0.89	3.14
大豆饼	—	—	7.00	1.32	2.13
芝麻饼	—	—	5.80	3.00	1.33
棉籽饼	—	—	3.41	1.63	0.97
油菜饼	—	—	4.60	2.48	1.40
花生饼	—	—	6.32	1.17	1.34
茶籽饼	—	—	1.11	0.37	1.23
桐籽饼	—	—	3.60	1.30	1.30
玉米秆	—	—	0.60	1.40	0.90
麦　秆	—	—	0.50	0.20	0.60
稻　草	—	—	0.51	0.12	2.70
高粱秸	—	79.6	1.25	0.15	1.18
花生秸	—	88.6	1.82	0.16	1.09
堆　肥	60～75	12～25	0.4～0.5	0.18～0.26	0.45～0.70
泥　肥	—	2.45～9.37	0.20～0.44	0.16～0.56	0.56～1.83
墙　土	—	—	0.19～0.28	0.33～0.45	0.76～0.81
鱼　杂	—	69.84	7.36	5.34	0.52

表6　石榴园适用无机肥料的种类与成分（％）

肥类	肥项	含量	酸碱性	施用要点
氮肥（N）	氨水	12～17	碱	基肥、追肥、深沟施
	碳酸氢铵	16.8～17.5	弱碱	基肥、追肥、深沟施
	硫酸铵	20～21	弱碱	基肥、追肥、沟施
	硝酸铵	34～35	弱碱	基肥、追肥、沟施
	尿素	45～46	中性	基肥、追肥、沟施、叶面施

（续）

肥类	肥项	含量	酸碱性	施用要点
磷肥 (P_2O_5)	过磷酸钙	12～18	弱酸	基肥、追肥、沟施、叶面施
	重过磷酸钙	36～52	弱酸	基肥、追肥、沟施
	钙镁磷	14～18	弱碱	基肥、沟施
	骨粉	22～33	—	与有机肥堆沤作基肥适于酸性土壤
钾肥 (K_2O)	硫酸钾	48～52	生理酸性	基肥、追肥、沟施
	氯化钾	56～60	生理酸性	基肥、追肥、沟施
	草木灰	5～10	弱碱	基肥、追肥、沟施、叶面施
复合肥 (N-P-K)	硝酸磷	20-20-0	—	追肥、沟施
	磷酸二氢钾	0-52-34	—	叶面喷施
	硝酸钾	13-0-46	—	追肥、沟施、叶面喷施

　　不同的肥料种类，肥效发挥的速度不一样。有机肥肥效释放得慢，一般施后的有效期可持续2～3年，故可实行2～3年间隔使用有机肥，或在树行间隔行轮换施肥。无机肥养分含量高，可在短期内迅速供给植物吸收。有机肥料、无机肥料要合理搭配（表7）。

表7　石榴园适用肥料的肥效

肥料种类	第一年 （%）	第二年 （%）	第三年 （%）	肥效发挥 初始时间（天）
人粪尿	75	15	10	10～12
牛　粪	25	40	35	15～20
羊　粪	45	35	20	15～20
猪　粪	45	35	25	15～20
马　粪	40	35	25	15～20
禽　粪	65	25	10	12～15
草木灰	75	15	10	12～18
饼　肥	65	25	10	15～25

（续）

肥料种类	第一年（%）	第二年（%）	第三年（%）	肥效发挥初始时间（天）
骨　　粉	30	35	35	20～25
绿　　肥	30	45	25	10～30
硝 酸 铵	100	0	0	5～7
硫 酸 铵	100	0	0	5～7
尿　　素	100	0	0	7～8
碳酸氢铵	100	0	0	3～5
过磷酸钙	45	35	20	8～10
钙镁磷肥	20	45	35	8～10

　　石榴园施肥还受树龄、树势、地势、土质、耕作技术、气候情况等方面的影响。据各地丰产经验，施肥量依树体大小而定，随着树龄增大而增加，幼龄树一般株施优质农家肥8～10千克，结果树一般按结果量计算施肥量。每生产1 000千克果实，应在上年秋末结合深耕一次性施入2 000千克优质农家肥，配合适量氮磷肥较为合适，并在生长季节的几个关键追肥期，追施相当于基肥总量10%～20%的肥料，即200～400千克，并适量追施氮肥。根外追肥用量很少，可以不计算在内。

75. 施肥的方法有哪些？

　　施肥的方法可分为土壤施肥和根外（叶面）追肥两种。以土壤施肥为主，根外追肥为辅。

　　（1）土壤施肥　土壤施肥是将肥料施于果树根际，以利于吸收。施肥效果与施肥方法有密切关系，应根据地形、地势、土壤质地、肥料种类，特别是根系分布情况而定。石榴树的水平根群一般集中分布于树冠投影的外围，因此，施肥的深度与广度应随树龄的增大，由内及外、由浅及深逐年变化。常用的施肥方法如图 10 所示。

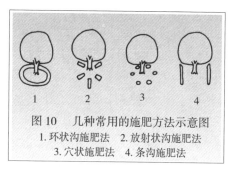

图 10　几种常用的施肥方法示意图
1. 环状沟施肥法　2. 放射状沟施肥法
3. 穴状施肥法　4. 条沟施肥法

①环状沟施肥法。此法适于平地石榴园，在树冠垂直投影外围挖宽 50 厘米左右、深 25～40 厘米的环状沟，将肥料与表土混匀后施入沟内覆土。此法多用于幼树，有操作简便、用肥经济等特点，但挖沟易切断水平根，且施肥范围较小。

②放射状沟施肥法。在树冠下面距离主干 1 米左右的地方开始以主干为中心，向外呈放射状挖 4～8 条至树冠投影外缘的沟，沟宽 30～50 厘米、深 15～30 厘米，肥土混匀施入。此法适于盛果期树和结果树生长季节内追肥采用。开沟时顺水平根生长的方向开挖，伤根少，但挖沟时要躲开大根。可隔年或隔次更换放射沟位置，扩大施肥面，促进根系吸收。

③穴状施肥法。在树冠投影下，自树干 1 米以外挖施肥穴施肥。有的地区用特制施肥锥，使用很方便。此法多在结果树生长期追肥时采用。

④条沟施肥法。结合石榴园秋季耕翻，在行间或株间或

隔行开沟施肥，沟宽、深、施肥法同环状沟施肥法。下年施肥沟移到另外两侧。此法多用于幼园深翻和宽行密植园的秋季施肥时采用。

⑤全园施肥。成年树或密植果园，根系已布满全园时采用。先将肥料均匀撒布全园，再翻入土中，深度约20厘米。优点是全园撒施面积大，根系都可均匀地吸收到养分。但因施得浅，长期使用，易导致根系上浮，降低植株抗逆性。如与放射状沟施肥法轮换使用，则可互补不足，发挥最大肥效。

⑥灌溉式施肥。即灌水与施肥相结合，肥料分布均匀，既不伤根，又保护耕作层土壤结构，节省劳力，肥料利用率高。树冠密接的成年果园和密植果园及旱作区采用此法更为合适。

采用何种施肥方法，各地可结合石榴园具体情况加以选用。采用环状、穴施、沟状、放射沟施肥时，应注意每年轮换施肥部位，以便根系发育均匀。

（2）根外（叶面）追肥　即将一定浓度的肥料液均匀地喷布于石榴叶片上，一可增加树体营养、提高产量和改进果实品质，一般可提高坐果率 2.5%～4.0%，果重提高 1.5%～3.5%，产量提高 5%～10%；二可及时补充一些缺素症对微量元素的需求。叶面施肥的优点表现在吸收快、反应快、见效明显，一般喷后 15 分钟至 2 小时可吸收，10～15 天叶片对肥料元素反应明显，可避免许多微量元素施入土壤后易被土壤固定、降低肥效的可能。

叶面施肥喷洒后 25～30 天，叶片对肥料元素的反应逐渐消失，因此只能是土壤施肥的补充，石榴树生长结果需要的大量养分还是要靠土壤施肥来满足。

叶面施肥主要是通过叶片上气孔和角质层进入叶片，而后运行到树体的各个器官。叶背较叶面气孔多，细胞间隙大，利于渗透和吸收。叶面施肥最适温度为18～25℃，所以喷布时间于夏季最好是上午10时以前和下午4时以后。喷时雾化要好，喷布均匀，特别要注意增加背面着肥量。

一般能溶于水的肥料均可用于根外追肥（表8），根据施肥目的选用不同的肥料品种。叶面肥可结合药剂防治进行，但混合喷施时，必须注意不降低药效、肥效。如碱性农药石硫合剂、波尔多液不能与过磷酸钙、锰、铁、锌、钼等混合施用；而尿素可以与波尔多液、敌敌畏、辛硫磷、退菌特等农药混合施用。叶面喷施浓度要准确，防止造成药害、肥害。喷施时还可加入少量湿润剂，如肥皂液、洗衣粉、皂角油等，可使肥料和农药黏着叶面，提高吸肥和防治病虫害的效果。

表8　石榴园叶面追肥常用品种与浓度

肥料种类	有效成分（%）	常用浓度（%）	施用时间	主要作用
尿素	45～46	0.1～0.3	5月上、6月下、9月上	提高坐果率，增强树势，增加产量
硫酸铵	20～21	0.3	生长期	增强树势，提高产量
硫酸钾	48～52	0.4～0.5	5月上至9月下，3～5次	促进花芽分化，果实着色，提高产量，增强抗逆性
草木灰	5～10	1.0～3.0	5月上至9月下，3～5次	作用同硫酸钾
硼砂	11	0.05～0.2	初花、盛花末各1次	提高坐果率

（续）

肥料种类	有效成分（%）	常用浓度（%）	施用时间	主要作用
硼酸	17.5	0.02～0.1	初花、盛花末各1次	提高坐果率
磷酸二氢钾	32～34	0.1～0.3	5月上至9月下，3～5次	促进花芽分化，果实膨大，提高产量，增强抗逆性
过磷酸钙	12～18	0.5～1.0	5月上至9月下，3～5次	促进花芽分化，提高品质和产量
硫酸锌	23～24	0.01～0.05	生长期	防缺锌
硫酸亚铁	19～20	0.1～0.2	叶发黄初期	防缺铁
钼酸铵	50～54	0.05～0.1	蕾期和花期	提高坐果率
硫酸铜	24～25	0.02～0.04	生长期	增强光合作用

76. 石榴的主要缺素症状是什么？怎样矫治？

当树体某些营养元素不足或过多时，则生理机能产生紊乱，表现出一定症状。石榴树开花量大、果期长，又多栽于有机质含量低的沙地或丘陵山地，更容易表现缺素症（表9）。

表9 石榴树主要缺素症状与矫治方法

缺素	症状	矫治方法
氮	根系不发达，植株矮小，树体衰弱；枝梢顶部叶淡黄绿色，基部叶片红色，具褐色和坏死斑点，叶小，秋季落叶早；枝梢细尖，皮灰色；果实小而少，产量低	4月下、5月下、6月下、8月上旬树冠喷施0.2%～0.3%尿素液，或土壤施尿素，每株0.25千克

（续）

缺素	症　状	矫治方法
磷	叶稀少、暗绿转青铜色或发展为紫色；老叶窄小，近缘处向外卷曲，重时叶片出现坏死斑，早期落叶；花芽分化不良；果实含糖量降低,产量、品质下降	生长期叶面喷施 0.2%～0.3%的磷酸二氢钾溶液，或土施过磷酸钙、磷酸氢二铵等，每株 0.25 千克
钾	新根生长纤细，顶芽发育不良，新梢中部叶片变皱且卷曲，重则出现枯梢现象；叶片瘦小发展为裂痕、开裂，淡红色或紫红色易早落；果实小而着色差，味酸易裂果	每株土施氯化钾 0.5～1 千克，或生长期叶面喷洒 0.2%～0.3%的硫酸钾液或 1.0%～2.0%的草木灰水溶液
钙	新根生长不良，短粗且弯曲，出现少量线状根后，根尖变褐至枯死，在枯死根后部出现大量新根；叶片变小，梢顶部幼叶的叶尖、叶缘或沿中脉干枯，重则梢顶枯死、叶落、花朵萎缩	生长初期叶面喷施 0.%的硫酸钙；土壤补施钙镁磷粉、骨粉等
镁	植株生长停滞，顶部叶褪绿，基部老叶片出现黄绿至黄白色斑块，严重时新梢基部叶片早期脱落	生长期叶面喷施 0.3%硫酸镁；土施钙镁磷肥
铁	俗称黄叶病；叶面呈网状失绿，轻则叶肉呈黄绿色而叶脉仍为绿色，重则叶小而薄，叶肉呈黄白色至乳白色，直至叶脉变成黄色，叶缘枯焦、脱落，新梢顶端枯死，多从幼嫩叶开始	发芽前树干注射硫酸亚铁或柠檬铁 1 000～2 000 倍液；叶片生长发黄初期叶面喷涂 0.3%～0.5%硫酸亚铁溶液
硼	叶片失绿，出现畸形叶，叶脉弯曲，叶柄、叶脉脆而易折断；花芽分化不良，易落花落果；根系生长不良，根、茎生长点枯萎，植株弱小	花期喷 0.25%～0.5%硼砂或硼酸溶液
锌	俗称小叶病；新梢细弱，节间短，新梢顶部叶片狭小密集丛生，下部叶有斑纹或黄化，常自下而上落叶；花芽少，果实少，果畸形	发芽初期喷施 0.1%硫酸锌溶液，或生长期叶面喷施 0.3%～0.5%硫酸锌溶液
铜	叶片失绿，枝条上形成斑块和瘤状物，新梢上部弯曲、顶枯	生长期喷施 0.1%硫酸铜溶液

（续）

缺素	症　　状	矫治方法
锰	幼叶叶脉间和叶缘褪绿；开花结果少，根系不发达，早期落叶；果实着色差，易裂果	生长期叶面喷施 0.3％硫酸锰溶液
钼	老叶叶脉间出现黄绿或橙黄色斑点，重则至全叶，叶边卷曲、枯萎直至坏死	蕾花期叶面喷施 0.05％～0.1％的钼酸铵溶液
硫	叶片变为浅黄色，幼叶表现比成叶重，枝条节间缩短，茎尖枯死	生长期叶面喷稀土 400 倍水溶液

77. 果园灌排水技术有哪些？

（1）灌水时期　正确的灌水时期是根据石榴树生长发育各阶段需水情况，参照土壤含水量、天气情况以及树体生长状态综合确定。依据石榴树的生理特征和需水特点，要掌握四个关键时期的灌水，即萌芽水、花前水、催果水、封冻水。

①萌芽水。黄淮流域早春 3 月萌芽前的灌水。此时植株地下地上相继开始活动，灌萌芽水可增强枝条的发芽势，促使萌芽整齐，对春梢生长、绿色面积增加、花芽分化、花蕾发育有较好的促进作用。灌萌芽水还可防止晚霜和倒春寒危害。

②花前水。黄淮流域石榴一般于 5 月中下旬进入开花坐果期，时间长达 2 个月，此期开花坐果生殖生长与枝条的营养生长同时进行，需消耗大量的水分。而黄淮流域春季干旱少雨且多风，土壤水分散失快，因此要于 5 月上中旬灌一次花前水，为开花坐果做好准备，以提高结果率。

③催果水。依据土壤墒情保证灌水 2 次以上。第一次灌水安排在盛花后幼果坐稳并开始发育时进行，时间一般在 6 月下旬。此时经过花期大量开花、坐果，树体水分和养分消耗很多，配合盛花末幼果膨大期追肥进行灌水，促进幼果膨大和 7 月上旬的第一批花芽分化，并可减少生理落果。第二次灌水，黄淮流域一般在 8 月中旬，果实正处于迅速膨大期，此期高温干旱，树体蒸腾量大，灌水可满足果实膨大对水分的要求，保持叶片光合效能，促进糖分向果实的运输，增加果实着色度，提高品质，同时可以促进 9 月上旬的第二批花芽分化。

④封冻水。土壤封冻前结合施基肥耕翻管理进行。封冻前灌水可提高土壤温度，促进有机肥料腐烂分解，增加根系吸收和树体营养积累，提高树体抗寒性能，达到安全越冬的效果，保证花芽质量，为来年丰产奠定良好基础。秋季雨水多，土壤墒情好时，冬灌可适当推迟或不灌，至来年春萌芽水早灌。

（2）灌水方法

①行灌。在树行两侧，距树各 50 厘米左右修筑土埂，顺沟灌水。行较长时，可每隔一定距离打一横渠，分段灌水。该法适于地势平坦的幼龄果园。

②分区灌溉。把果园划分成许多长方形或正方形的小区，纵横做成土埂，将各区分开，通常每一棵树单独成为一个小区。小区与田间主灌水渠相通。该法适于石榴树根系庞大，需水量较多的成龄果园，但极易造成全园土壤板结。

③树盘灌水。以树干为中心，在树冠投影以内的地面，以土作埂围成圆盘。稀植果园、丘陵区坡台地及干旱坡地果园多采用此法。稀植的平地果园，树盘可与灌溉沟相通，水

通过灌溉沟流入树盘内。

④穴灌。在树冠投影的外缘挖穴，将水灌入穴中。穴的数量依树冠大小而定，一般为8～12个，直径30厘米左右。穴深以不伤粗根为准，灌后覆土还原。干旱地区的灌水穴可不覆土而覆草。此法用水经济，浸湿根系范围的土壤较宽而均匀，不会引起土壤板结，在干旱地区尤为适用。

⑤环状沟灌。在树冠投影外缘修一条环状沟进行灌水，沟深、宽均为20～25厘米。适宜范围与树盘灌水相同，但更省水，尤适用树冠较大的成龄果园。灌毕封土。

(3) 灌水应注意的问题 灌水应特别注意的关键问题是：成熟前10～15天直至成熟采收不要灌水，特别是久旱果园。此期灌水极易造成裂果，因此采收前应注意的关键问题是避免灌水，或合理灌水。

(4) 果园排水 园地排水是在地表积水的情况下解决土壤中水、气矛盾，防涝保树的重要措施。短期内大量降水，连阴雨天都可能造成低洼石榴园积水，致使土壤水分过多，氧气不足，抑制根系呼吸，降低吸收能力，严重缺氧时引起根系死亡。在雨季应特别注意低洼易涝区的排水问题。

八、石榴的整形修剪技术

78. 石榴树与修剪有关的生长特点主要有哪些?

（1）树势平缓，枝条紧凑 石榴树为落叶灌木或小乔木，属于多枝树种。树势生长平缓，自然生长的石榴树树形有近圆形、椭圆形、纺锤形等。冠内枝条繁多，交错互生，抱头生长，没有明显的主侧枝之分，扩冠速度慢，内膛枝衰老快，易枯死。基部蘖生苗能力强，冠内易抽生生长旺盛的徒长枝。蘖生苗和徒长枝不利的是易扰乱树形，无谓消耗树体营养，有利的是老树易于更新。

（2）萌芽率高，成枝力强 1年生枝条上的芽在春天几乎都能萌发，一般在枝条中部的芽生长速度较快，往往有二次、三次枝芽萌发生长。而枝条上部和下部的芽生长速度较慢，一年一般只有一次生长。

（3）顶端优势不明显，不易形成主干石榴枝条顶端生长优势不明显，顶芽一年一般只有春季生长。春季生长停止后，一部分顶芽停止生长，少部分顶端形成花蕾。夏、秋梢生长只在一部分徒长枝上进行。石榴主干不明显，扩冠主要靠侧芽生长完成。

79. 枝条种类与修剪有关的生物学特性有哪些？

（1）主干、主枝和侧枝　地上部分从根颈到树冠分枝处的部分叫主干。石榴属于小乔木或灌木树种，单干树主干明显，只有一个主干，大部分植株呈多主干丛生，主干不明显。着生于主干上的大枝叫主枝，着生于主枝上的枝叫侧枝。主干、主枝和侧枝，构成树冠骨架，在树冠中分别起着承上启下的作用。主枝着生于主干，侧枝着生于主枝，结果枝、结果枝组着生于各个侧枝或主枝上。修剪时必须明确保持其间的从属关系。

（2）结果枝组、结果母枝和结果枝

①结果枝组。在骨干枝上生长的各类结果母枝、结果枝、营养枝、中间枝的单位枝群称结果枝组。石榴要想获得优质大果，必须培养好发育健壮、数量充足的结果枝组。

②结果母枝。即生长缓慢、组织充实、有机物质积累丰富，顶芽或侧芽易形成混合芽的基枝。混合芽于当年或翌年春季抽生结果枝结果。

结果母枝一般为上年形成的营养枝，也有3～5年生的营养枝，营养枝向结果枝转化的过程，实质上也就是芽的转化，即由叶芽状态向花芽方面转化。营养枝向结果枝转化的时间因营养枝的状态而有不同，需1～2年或当年即可完成，因在当年抽生新枝的二次枝上有开花坐果现象。徒长枝生长旺盛，分生数个营养枝，通过整形修剪等管理措施，使光照

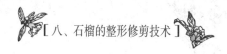

和营养发生变化，部分营养枝的叶芽分化为混合芽，抽生结果枝而开花结果。

③结果枝。能直接开花结果的 1 年生枝叫结果枝。石榴结果枝是由结果母枝的混合芽抽生一段新梢，再于其顶端开花结果，属一年生结果枝类型，结果枝条多一强一弱对生，石榴在结果枝的顶端结果，结果枝长 1～30 厘米，叶片 2～20 个，顶端形成花蕾 1～9 个。结果枝坐果后，果实高居枝顶，但开花后坐果与否，均不再延长。结果枝上的腋芽，顶端若坐果，当年一般不再萌发抽枝。结果枝叶片由于养分消耗多，衰老快，落叶较早（图 11）。

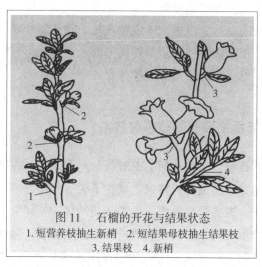

图 11　石榴的开花与结果状态
1.短营养枝抽生新梢　2.短结果母枝抽生结果枝
3.结果枝　4.新梢

果枝芽在冬春季比较饱满，春季抽生顶端开花坐果后，由于养分向花果集中，使得结果枝比对位营养枝粗壮。其在强（长）结果母枝和弱（短）结果母枝上抽生的结果枝数量比例不同。强（长）结果母枝上的结果枝比率平均为83.7%，明显高于弱（短）结果母枝上的结果枝比率的

16.3%。品种不同二者比例有所变化，但总的趋势相同。

按结果枝长度可分为长、中、短3种：

长结果枝：长度在20厘米以上，具有5～7对叶，有1～9朵花的结果枝。长结果枝开花最晚，多于6月中下旬开花。由于数量少，所以结果不多。

中结果枝：长度在5～20厘米，具有3～4对叶，有1～5朵花的结果枝。多于6月上中旬开花，其中退化花多，结果能力一般，但数量较多，仍为重要结果枝类。

短结果枝：长度在5厘米以下，具有1～2对叶，着生1～3朵花的结果枝。多于5月中下旬开花，正常花多，结果牢靠，是主要结果枝类。

（3）萌蘖枝　由根际不定芽或枝干隐芽萌发形成的枝叫萌蘖枝。根际萌蘖枝大量消耗树体营养，扰乱树形结构，影响管理，修剪时应予疏除或挖掉。

80. 石榴主要有哪些修剪技术？

（1）疏剪　疏剪包括冬季疏剪和夏季疏剪，方法是将枝条从基部剪除。疏剪的结果，减少了树冠分枝数，具有增强通风透光、提高光合效能、促进开花结果和提高果实质量的作用。较重疏剪能削弱全树或局部枝条生长量，但疏剪果枝反而有加强全树或局部生长量的作用，这是因为果实少了，消耗的营养也就少了，营养更有利于供应根系和新梢生长，使生长和结果同时进行，达到年年结果的目的。生产中常用疏剪来控制过旺生长，疏除强旺枝、徒长枝、下垂枝、交叉枝、并生枝、外围密挤枝。利用疏剪疏去衰老枝、干枯枝、病枝、虫枝等，还有减少养分消耗，集中养分促进树体生

长、增强树势的作用。

（2）短截　短截又叫短剪，即把1年生枝条或单个枝剪去一部分。原则是"强枝短留，弱枝长留"。分为轻剪（剪去枝条的1/4～1/3）、中剪（剪去枝条的2/5～1/2）、重剪（剪去枝条的2/3）、极重剪（剪去枝条的3/4～4/5）。极重剪对枝条刺激最重，剪后一般只发1～2个不太强的枝。短截具有增强和改变顶端优势部位的作用，有利于枝组的更新复壮和调节主枝间的平衡关系，能够增强生长势，降低生长量，增加功能枝叶数量，促进新梢和树体营养生长。由于光合产物积累减少，因而不利于花芽形成和结果。短截在石榴修剪中用得较少，只是在老弱树更新复壮和幼树整形时采用。

（3）缩剪　缩剪又叫回缩，即将多年生枝短截到适当的分枝处。由于缩剪后根系暂时未动，所留枝芽获得的营养、水分较多，因而具有促进生长势的明显效果，利于更新复壮树势，促进花芽分化和开花结果。对于全树，由于缩剪去掉了大量生长点和叶面积，光合产物总量下降，根系受到抑制而衰弱，使整体生长量降低。因此，每年对全树或枝组的缩剪程度，要依树势树龄及枝条多少而定，做到逐年回缩，交替更新，使结果枝组紧靠骨干，结果牢固；使衰弱枝得到复壮，提高花芽质量和结果数量。每年缩剪时，只要回缩程度适当，留果适宜，一般不会发生长势过旺或过弱现象。

（4）长放　长放又叫缓放或甩放，即对1～2年生枝不加修剪。长放具有缓和先端优势，增加短枝、叶丛枝数量的作用，对于缓和营养生长、增加枝芽内有机营养积累、促进花芽形成、增加正常花数量、促使幼树提早结果有良好的作用。长放要根据树势、枝势强弱进行，对于长势过旺的植株要全树缓放。由于石榴枝多直立生长，为了解决缓放后造成光照不良的弊端，要结合开张主枝角度、疏除无用过密枝条和撑、拉、坠等措施，改变长放枝生长方向。

（5）造伤调节　对旺树旺枝采用环割、环剥、刻伤和拿枝软化等措施制造伤口，使枝干木质部、韧皮部暂时受伤，在伤口愈合前起到抑制过旺的营养生长、缓和树势、枝势、促进花芽形成和提高产量的作用叫造伤调节。

①环割、环剥、刻伤。用刀在枝干上环切一圈至数圈，切口深及木质部而不伤及木质部为环割。用刀环切两圈，并把其间的树皮剥去，称为环剥。环剥口的宽度，一般为被剥枝直径的 $1/12 \sim 1/8$，环剥后要将剥离的树皮颠倒其上下位置，随即嵌入原剥离处，并涂药防病和包扎使其不脱落，在干燥地区有保护伤口的作用。刻伤是环枝干基部用刀纵切深及木质部，刻伤长 5～10 厘米，伤口间距 1～2 厘米。

②扭梢（枝）、拿枝（梢）。扭梢就是将旺梢向下扭曲或将基部旋转扭伤，既扭伤木质部和皮层，又改变枝梢方向。拿枝就是用手对旺梢自基部到顶部捋一捋，伤及木质部，响而不折。

造伤的时间因目的不同而异：春季发芽前进行，可促使旺树、旺枝向生殖生长转化，削弱营养生长；枝梢减缓生长，花芽分化前进行，可增加花芽分化率；开花前进行，可提高坐果率；果实速生期前进行，可促使果实膨大，提早成熟。一般造伤伤口越大，造伤效果越明显，但以不使枝条削弱太重、而且伤口能适时愈合为造伤原则。

（6）调整角度　对角度小、长势偏旺、光照差的大枝和可利用的旺枝、壮枝，采用撑、拉、曲、坠等方法，改变枝条原生长方向，使直立姿势变为斜生、水平状态，以缓和营养生长和枝条顶端优势，扩大树冠，改善树冠内膛光照条件，充分利用空间和光能，增加枝内碳水化合物积累，促使正常花的形成。

（7）抹芽、除萌　抹芽与除萌都是生长季节的疏枝，主要是抹去主干、主枝上的剪口、锯口及其他部位无用的萌枝和挖除主干根际的萌蘖。抹芽、除萌可以改变树冠内光照条件，减少营养、水分的无效消耗，有利于树形形成和促进成花结果。以春夏季抹芽、挖根蘖，夏秋季剪萌枝效果最好。

81. 什么时期修剪好?

（1）冬季修剪　冬季修剪在落叶后至萌芽前休眠期间进行。北方冬季寒冷，易出现冻害，以春季芽萌动前进行修剪较安全。冬季修剪以培养、调整树体结构，选配各级骨干枝，调整安排各类结果母枝为主要任务。冬季修剪在无叶条件下进行，不会影响当时的光合作用，但影响根系输送营养物质和激素量。疏剪和短截，都不同程度地减少了全树的枝条和芽量，使养分集中保留于枝和芽内，打破了地上枝干与地下根的平衡，从而充实了根系、枝干、枝条和芽体。由于冬季管理不动根系，所以增大了根冠比，具有促进地上部生长的作用。

（2）夏季修剪　夏季修剪是于开花后期至采收前的生长季节进行的修剪，主要用来弥补冬季修剪的不足。夏季修剪正处于石榴旺盛生长阶段（6～7月）和营养物质转化时期，前期生长依靠贮藏营养，后期依靠新叶制造营养。利用夏季修剪，采取抹芽、除萌蘖、疏除旺密枝、撑、拉、压开张骨干枝角度、改变枝向，环割、环剥等措施，促使树冠迅速扩大，加快树体形成，缓和树势，改善光照条件，提早结果，减少营养消耗，提高光合效率。夏季修剪只宜在生长健壮的旺树、幼树上适期、适量进行，同时要加强综合管理措施，才能收到早期丰产和高产、优质的理想效果。

82. 石榴树形有哪几种？

石榴树形主要有单干形、双干形、三干形和多干半圆形4 种。

（1）单干形　每株只留 1 个主干，干高 33 厘米左右，在中心主干上按方位分层留 3～5 个主枝，主枝与中心主干夹角为 45°～50°，主枝与中心主干上直接着生结果母枝和结果枝（图 12）。这种树形枝级数少，层次明显，通风透光好，适合密植栽培，但枝量少，后期更新难度较大。

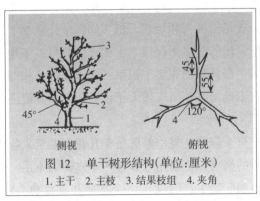

图 12　单干树形结构（单位：厘米）
1. 主干　2. 主枝　3. 结果枝组　4. 夹角

（2）双干形　每株留 2 个主干，干高 33 厘米，每主干上按方位分层各留 3～5 个主枝，主枝与主干夹角为 45°～

50°，2个主干间夹角为 90°（图 13）。这种树形枝量较单干形多，通风透光好，适宜密植栽培，后期能分年度更新复壮。

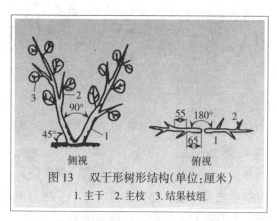

图 13 双干形树形结构（单位：厘米）
1. 主干 2. 主枝 3. 结果枝组

（3）三干形 每株留 3 个主干，每个主干上按方位留 3～5 个主枝，主枝与主干夹角为 45°～50°（图 14）。这种树形枝量多于单干和双干树形，少于丛干形，光照条件较好，适合密植栽培，后期易分年度更新复壮树体。

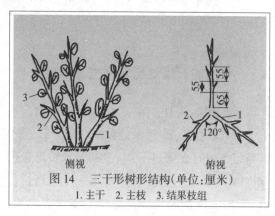

图 14 三干形树形结构（单位：厘米）
1. 主干 2. 主枝 3. 结果枝组

（4）多干半圆形（自然丛状半圆形） 该树形多在石榴

树处于自然生长状态、管理粗放的条件下形成。其树体结构，每丛主干5个左右，每个主干上直接着生侧枝和结果母枝（图15），形成自然半圆形。这种树形的优点是老树易更新，逐年更

图15　多干半圆树形结构

新不影响产量。缺点是干多枝多，树冠内部密蔽，通风透光不良，内膛易光秃，结果部位外移，有干多枝多不多结果的说法，加强修剪后也可获得较好的经济效益。

　　据不同树形修剪试验，修剪后的3种树形均优于丛干形。分析其原因，是石榴幼树生长旺盛，丛状树形任其生长，根际萌蘖多，大量养分用于萌蘖生长，花少果少；单干、双干、三干树形整形修剪后养分相对集中，所以结果较多。

83. 1～5年生的石榴幼树怎样整形修剪？

　　（1）单干树形　每株只留1个主干。石榴苗当年定植后，选1个直立壮枝于70厘米处截梢"定干"，其余分蘖全部剪除。当年冬剪时在剪口下30～40厘米整形带内萌发的新枝按方位留3～4个，其中剪口下第一个枝选留作中心主干，其余2～3个枝作为主枝，与中心主干夹角45°～50°，其余枝条全部疏除。干高33厘米左右。选留作中心主干的

枝在上部50～60厘米处再次剪截。第二年冬剪时将第二次剪口下第一个枝选留作中心主干，以下再选留2～3个枝作第二层主枝。第三、四年在整形修剪的过程中，除了保持中心主干和各级主侧枝的生长势外，要多疏旺枝，留中庸结果母枝；根际处的萌蘖，结合夏季抹芽、冬季修剪一律疏除。通过上述过程树形基本完成（图16）。

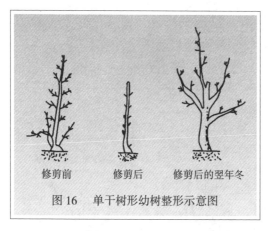

修剪前　　　　修剪后　　　　修剪后的翌年冬

图16　单干树形幼树整形示意图

（2）双干树形　每株选留2个主干。石榴苗定植后，选留2个壮枝分别于70厘米处截梢"定干"，其余枝条一律疏除。第二、三、四年的整形修剪方法，分别同单干形，每个干上按方位角180°选留两层主枝4～5个。2个主干之间要留中小枝，成形干高33厘米左右，主干与地面夹角50°左右，主枝与中心主干夹角45°左右（图17）。

（3）三干树形　每株选留3个主干。石榴苗定植后，选3个壮枝分别于70厘米处截梢"定干"，以后的整形修剪方法均同单干形。每干上按方位角选留两层主枝4～5个，3个主干之间内膛多留中小型枝组，成形干高33厘米，主干与地面夹角50°左右，主枝与中心主干夹角

45°～50°（图 18）。

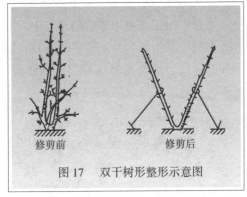

修剪前　　　　　　　　修剪后

图 17　双干树形整形示意图

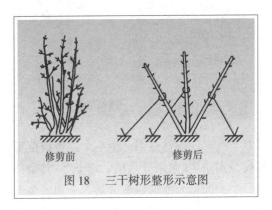

修剪前　　　　　　　　修剪后

图 18　三干树形整形示意图

　　（4）丛状树形　石榴树多为扦插繁殖，一株苗木就有3～4个分枝。定植成活后，任其自然生长，常自根际再萌生大量萌枝，多达 20 条以上。在 1～5 年的生长过程中，第一年任其生长，在当年冬季或翌年春季修剪，选留 5～6 个健壮分蘖枝作主干，其余全部疏除。以后冬剪疏除再生分蘖和徒长枝，即可形成多主干丛状半圆形树冠（图 19）。

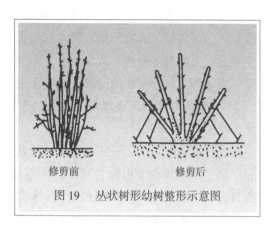

图 19　丛状树形幼树整形示意图

84. 5 年生以上的盛果期石榴树怎样整形修剪？

石榴树 5 年以后逐渐进入结果盛期，树体整形基本完成，树冠趋于稳定，生长发育平衡，大量结果。修剪的主要任务是除去多余的旺枝、徒长枝、过密的内向枝、下垂枝、交叉枝、病虫枝、枯死枝、瘦弱枝等。树冠呈下密上稀、外密内稀、小枝密大枝稀的"三密三稀"状态，内部不空、风光通透，养分集中，以利多形成正常花、多结果、结好果。

石榴的短枝多为结果母枝，对这类短枝应注意保留，一般不进行短截修剪。在修剪时除对少数徒长枝和过旺发育枝用作扩大树冠实行少量短截外，一般均以疏剪为主。

85. 衰老期石榴树怎样整形修剪？

石榴树进入盛果期后，随着树龄的增长，结果母枝老化，枯死枝逐渐增多，特别是 50～60 年生树，树冠下部和内膛光秃，结果部位外移，产量大大下降，结果母枝瘦小细弱，老干糟空，上部焦梢。此期除增施肥水和加强病虫害防治外，每年应进行更新改造修剪，方法如下。

（1）缩剪衰老的主侧枝　在萌蘖旺枝或主干上发出的徒长枝中选留2～3个，有计划地逐步培养为新的主侧枝和结果母枝，延长结果年限。

（2）一次进行更新改造　第一年冬将全株的衰老主干从地上部锯除；第二年生长季节根际会萌生出大量根蘖枝条，冬剪时从所有的枝条中选出4～5个壮枝作新株主干，其余全部疏除；第三年在加强肥水管理和防病治虫的基础上，短枝可形成结果母枝和花芽，第四年即可开花结果。

（3）逐年进行更新改造　适宜于自然丛干形，主干一般多达5～8个。第一年冬季可从地面锯除1～2个主干；第二年生长季节可萌生出数个萌蘖条，冬季在萌生的根蘖中选留2～3个壮条作新干，余下全部疏除，同时再锯除1～2个老干；第三年生长季节从第二年更新处又萌生数个蘖条，冬季再选留2～3个壮条留作新干，余者疏除。自第三年在第二年选留的新干上的短枝已可形成花芽。第三年冬再锯除1～2个老干，第四年生长季节又从更新处萌生数个萌蘖条，冬季选留2～3个萌条作新干。自第四年，在第二年选留的新干上的短枝已开花结果，第三年的更新枝已形成花芽。这样更新改造衰老石榴园，分年分次进行，既不绝产，4年又可更新复壮，恢复果园生机。

九、石榴盆景制作

86. 石榴盆景是怎样发展起来的？

石榴盆景是将石榴树以及山石、构件等材料，经艺术加工，合理布局，使大自然的景色形象地浓缩到咫尺盆中的一种艺术形式。它是果树栽培学原理与我国传统盆栽、盆景艺术的巧妙结合。取材于石榴的盆景栽培历史悠久，据考证，汉代就有取材于石榴的盆景栽培，到唐、宋时期，石榴盆景已发展到较高的水平。宋代盆景开始对植物分类，将不同植物分为"十八学士"，石榴就是其中之一。明清时石榴盆景发展势头更盛，清康熙帝对御花园石榴盆景曾赋诗咏叹："小树枝头一点红，嫣然六月杂荷风，攒青叶里珊瑚朵，疑是移银金碧中。"

我国果树盆景发展到今天，石榴已成为扬派、苏派、川派、海派等树桩盆景流派的常用树种之一。石榴之所以能成为果树盆景栽培的上选树种，主要是由于石榴寿命长，萌发力强，耐蟠扎，耐修剪，树干苍劲古朴，根多盘曲，树虬中细，花艳果美，花果期长达5个多月，一年四季皆可欣赏，盆景制作具有独特优势。

87. 石榴盆景的效益如何？

盆景石榴，独特的树桩造型，挂满累累果实，向人们传递着文明向上、自强不息的一种情感。经常欣赏，有助于提高人们的艺术修养和思想情操，培养人们热爱生活、热爱自然的高贵品质。因此说，石榴盆景有很好的社会效益。石榴盆景还有很高的经济效益。一盆好的石榴盆景，少则几千元，多则上万元，甚至几十万元。在国内很多石榴产区，石榴盆景已经形成支柱产业，并且有很好的发展前景。石榴树对二氧化硫、氯气、氟、硫化氢、铅蒸汽、二氧化碳等气体均有较强的吸附作用，还能分泌杀菌素杀灭空气中的细菌。夏天，石榴能降低庭院或阳台温度，增加湿度，吸附灰尘。所以，石榴盆景也具有良好的生态效益。随着生活水平的提高，人们在解决了温饱问题之后，更加注重精神生活，家里放置几盆盆景已经成为时尚，一方面可以欣赏，另一方面可以净化空气，市场发展空间很大。说发展石榴盆景是阳光产业，一点不为过。

88. 石榴盆景造景艺术特点有哪些？

石榴盆景以桩景为主，另有树石盆景。桩景盆景又因干、根造型的不同而有多种变化，如缩龙成寸、小中见大、刚柔相济、师法自然，显示出不同的艺术风格。石榴芽红

（白）叶细，花艳果美，干奇根异，一年四季各个部位都可观赏。春天，新叶抽生，红艳娇嫩；入夏，繁花似锦，红如火，白如雪；秋季，果实累累，红如灯笼，白似珍珠，墨像丹青；冬季，铁干虬枝，遒劲古朴。石榴中的花石榴株矮枝细，叶、花、果均较小，制作盆景小巧玲珑，非常适合表现盆景"小中见大"的艺术特色；果石榴则树体较大，适宜制作大型盆景。

89. 怎样欣赏石榴盆景的根？

石榴盆景可分为露根式和隐根式两类。桩干比较粗壮、雄伟、苍劲、古朴的，着力表现桩景，一般不露根。而桩干比较矮小、树龄较轻的，多以露根造型，以显其苍老奇特，古朴野趣。露根式盆景根与桩干要有机结合起来，或与象形动物的桩干结合，作为爪、腿、尾等，栩栩如生；或与非象形桩干结合，梳理成盘根错节之态，别具一格。

90. 怎样欣赏石榴盆景的干？

利用形态各异的树桩主干，是石榴盆景造型的重点。自然生长的多年生果石榴树干，多扭曲旋转，苍劲古朴，形状奇特，本身就具有很高的观赏价值和特殊的艺术效果。利用不同的制作技艺，精雕细凿，或将枯干大部分木质部去除，仅剩少量的韧皮部，看上去几乎腐朽，但仍支撑着一片绿枝嫩叶，红花硕果；或运用环割、击打等方法刺激形成层形成分生组织和愈伤组织，包裹腐朽的木质部，粗糙中透出精细；树干突起处偶发出一枝新梢，表现出顽强之生命、铮铮

之铁骨、刚劲之力量的意境神韵。

91. 怎样欣赏石榴盆景的花果？

石榴花果期长达 5 个多月。花有红、黄、白、粉红、深紫等不同颜色，并有重瓣和单瓣之分。一般品种花期 2 个月以上，而月季石榴从初夏至深秋开花不断。当春光逝去、花事阑珊的时节，嫣红似火的石榴花跃上枝头，确有"浓绿万枝红一点，动人春色不须多"的诗情画意。

石榴果有红、黄、白、紫、墨等皮色，或半露半隐于枝叶丛中，或悬垂于朽腐枯干边，叶绿果红（或白），展现勃勃生机和顽强的生命力。而一些花石榴品种，花果并垂，红葩挂珠，果实到翌年 2～3 月仍挂满枝头。石榴盆景诠释了以型载花果，以花果成型，型花果兼备，妙趣横生，极富生活情趣和自然气息。

92. 如何选择作石榴盆景的品种？

以石榴为主材制作的盆景，其用途主要是观赏。观赏除观其形外，还有赏花果。观形，各品种都可造型；既要观形，又要赏果，品种就要有所选择。小盆景，一般选用株型较小的观赏类品种；以观花为主的，则选用重瓣花类品种；以赏果为主的，则选用果大、形美、品质佳的鲜食品种。

93. 石榴盆景材料的人工繁殖方法有哪几种？

石榴盆景中的树桩主要来源：一是人工繁殖，再是野外

挖掘。人工繁殖方法有以下3种。

（1）扦插繁殖　1～2年生枝扦插,获得的苗木经地植培养2～3年或更长时间,供中、小型盆栽树采用;多年生老枝扦插,获得的植株稍经地养管护,即可上盆培养成中型盆树。

（2）种子繁殖　月季石榴、墨石榴等极矮生种可在秋季将成熟果实采下保存、春季取出种子播入苗床或花盆内培养实生苗。实生苗,成形慢,开花结果迟。

（3）嫁接繁殖　通过各种枝接法对缺枝缺根树补空增枝（根）嫁接,使桩材丰满,盆树多结果,结好果。

94. 石榴盆景树桩来源自哪里?

大中型石榴盆景树桩靠人工培育,需时过长;而野外挖掘的树桩经过大自然的雕琢,形成了千姿百态的自然美,作为桩景材料可塑性大,效果好。因此,大中型树桩多来自野外挖掘。

于3月中下旬石榴萌芽前期,在野外老龄树中,选取形态古朴、情趣浓厚、韵味无穷的有培养前途的老桩,先按构形要求进行初步剪裁,截去无用大枝,短截保留枝,主干用草绳缠裹保护。挖掘时尽量挖大挖深,将过长侧根及下部大根断掉,中、上部细小侧根尽量多留。根部多带土,如带不上土时,将根用稠泥浆浸蘸,根际用湿锯末或苔藓填充,外包塑料薄膜保持湿度,防根脱水而影响成活。

95. 石榴盆景的树桩如何处理?

石榴盆景桩材运回后,根据造型要求和盆的大小、深浅进行二次修剪，伤口要用调和漆或清漆涂抹保护。处理后的盆树或桩材先假植到阳光好、土质肥沃疏松、排水透气良好的轻壤土中或大泥盆中。初栽石榴桩头，当新枝 5 厘米长时说明新根已开始生长，需满足水肥的供给。为防止盆土板结，可在盆土上覆盖农膜或碎草保墒，夏季 2～3 天浇水一次，雨涝时注意及时排除盆内积水，防止烂根。盆树（桩）成活新枝生长后，每月随浇水施腐熟液肥 2～3 次。树栽后 1～2 月相继萌芽成活，在预定部位萌生的新枝必须保护，其他部位萌发的无用芽留 2～3 对叶重摘心，以增加同化产物，促进生长。预定部位新枝生长到一定长度后再按树体构想作适当处理。初栽成活的盆树夏季烈日下易日灼伤皮，引起枝干病害，需设置荫棚遮阴防护，也可在主干上束草或涂白防止日晒。冬季应将主干埋土或四周用禾秆围起及覆盖农膜防寒，盆植的将盆移入塑料拱棚内，气温降至−5℃以下时夜间棚上加盖草帘保证安全越冬。盆树（桩）长到一定时间（主要是秋末或春季）将地植桩树起出，按造型要求再次截干，选留顶枝、侧枝，剪除枯死枝、病虫枝和多余冗枝，对留下的枝也可作必要的曲枝处理。经修坏后的盆材重新埋入土中经 2～3 年的精心管护，然后上盆加工制成精美盆树桩景。

96. 如何进行石榴盆景的造型设计？

石榴桩景的外貌，表现了桩景的神韵。石榴盆景主要有以下几种造型：

（1）直干式　单主干挺拔直立或略有小的弯曲，冠内枝叶层次分明，果实分布均匀，为下大上小的宝塔形。大者风韵清秀，小者亭亭玉立。

（2）过桥式　表现河岸或溪边之树木被风刮倒，其中主干或枝条横跨河、溪而生之态。累累硕果挂于枝上，情趣横生，极具野趣。

（3）曲干式　树干多为单干呈之字形弯曲向上，曲折多变，层次分明，形若游龙。果实多挂于主干的拐弯处，姿态优美。

（4）悬崖式　主干自根颈部弯曲，倾斜于盆外，似着生于悬崖峭壁之木。果叶并垂，红绿相衬。

（5）卧干式　树干大部分卧于盆面，快到盆沿时，枝梢突然翘起。树冠下部有一长枝伸向根部，达到视觉的平衡。

（6）枯干式　树干被侵蚀腐朽成孔洞，或大部分木质部腐朽脱落，仅剩一两块老树皮及少量木质部，从树皮顶端生出新枝，生机欲尽神不枯。老态龙钟，精神焕发。

（7）象形式　在素材有几分象形的基础上，把植株加工成某种动物形象，或禽或鸟或走兽，有动有静，给人以动植物异化的审美情趣。

（8）弯干式　利用树龄较老、10厘米以上的自然较粗的野弯桩干，经过修剪蟠扎而成，既显得苍老古朴，又具有阳刚健壮之美。

（9）双干式　一株双干或一盆两株，两棵树互相依存，相距适中。双干式的两干，一定要一大一小、一粗一细，形态有所变。寓意情同手足、扶老携幼、相敬如宾之情。

（10）丛林式　3株及以上树木合栽于一盆。多以奇数形式把大小不一、曲直不同、粗细不等的几株树木，根据立意，主次分明、巧妙搭配，栽植在长方形或椭圆形的盆钵之中，常常能获得意想不到的效果。

（11）蟠根式　把根提出土面，或提或连或蟠扎，展示抓地而生的雄姿，千姿百态，各具特色，显得苍老质朴，顽强不屈。

97. 怎样制作石榴盆景？

（1）制作原则

①胸中有树。对获得的苗木或桩材观察后，对其能制成哪种形式的盆景要心中有数，按形剪裁。

②主次分明。造型整枝时要先从主干开始，使侧干（枝）、枝组、细枝围绕主干合理布局。

③因树施技，因势造型。从野外获取的桩坯形态多样，造型前需仔细观察，运用"借假"手法，因材施技，随树造型，因势利导大胆"借假"，使各部位之间协调统一，主题鲜明，产生自成情趣的艺术效果。

造型的要领是：既符合石榴生长发育规律，又富有诗情画意，而且还要自下而上渐次弯曲变细，形似竹笋，切忌头小干大、树干扁平、蜂腰、突肚、树干弯扭打结和顶部向左右偏离太远等不良形状。干宜曲之有度，根干相符，藏中有露。

（2）主干造型　石榴盆栽后，要进一步培养成风格各异的盆景时需变主干的光滑、平直、细嫩为粗拙、弯曲、苍老。采用的手法如下。

①剖。将树干的观赏面（向人面）剖伤，使其结疤，以显示苍老古朴之态。

②剥。剥去主干部分树皮使木质部裸露，当树皮伤口愈合部位由绿色变褐色后，再对木质部作雕刻处理。

③雕。将主干局部雕挖成小孔洞或削伤树皮，使木质部裸露，孔洞处嵌入石块，使其愈合后形成"马眼"，木质裸露后按纹理结构雕挖成如自然风化状的凸凹纹理。雕挖工艺应在春季萌芽前后生长最旺盛期进行，伤口要用5度石硫合剂或其他杀菌剂作防腐处理。

④折。用手折断枝干的多余部分，使主干呈枯干残枝形态。

⑤撕。人工撕伤主干侧枝，使其残而不枯、残而不断。

⑥截。新获树桩主干定型后，主干顶端长到一定长度且与下部各节比例相称时，按造型设计截去主干、侧枝多余部分，如此反复多次处理。经截干整枝处理后的石榴桩材，枝叶繁茂后以不露人工处理的痕迹为宜。

⑦弯。石榴蟠扎曲干造型工作多在树液流动后至萌芽前进行。选用不同粗细金属线或绳线蟠扎，使主干弯曲到需要的形状。石榴树皮较薄，蟠扎前先用牛皮纸或旧布条等将树干包裹垫衬，然后根据干的粗细和强度，选用不同规格的铁丝与干的生长方向成45°角紧贴主干缠扎。铁丝下端插入盆底或主干（背面）基部根基与粗根的交叉处。缠绕时，欲使主干左旋扭转，铁丝要按逆时针方向缠绕；欲要主干右旋扭曲，铁丝则按顺时针方向缠绕。缠绕时自下而上，自粗而细，一直到顶，间隔一致，松紧相宜，不伤树皮。铁丝缠好后开始拿弯，方法是双手用拇指和食指、中指配合，慢慢扭动多次，使韧皮部和木质部都得到一定程度的松动，达到"转骨、练干"的目的。弯枝时弯曲度应超过要求的弯度，缓一段时间后，其弯曲度正好符合设计要求。一次不能达到理想弯度时可渐次拿弯。主干过粗时，先在弯曲方向与主干垂直的弯曲部位凿一深及木质部2/3的条状槽，再用塑料包

扎带包扎，然后用铁丝或木棍等将树干弯到要求弯曲度，并吊住固定。弯枝后2～4天要浇足水，避免阳光曝晒，保护伤口半月内不受雨淋，以利愈合。粗干蟠扎后4～5年基本定型，细枝干需2～3年。定型期间视生长情况每隔1～2年及时松绑，防止铁丝等金属丝嵌入皮层，造成死枝。

（3）侧枝配置　盆栽、盆景石榴的侧枝配置直接影响结果和观赏。侧枝的分布和培养应因型而定，原则是枝不宜多，下稀上密，下宽上窄，下大上小，侧枝之间错落着生，上、下枝组互不重叠，枝组距离疏密相宜。侧枝着生位置应按干的左右为主、前后为辅的方位发展，前面着生时以斜向两侧露干为宜。各侧枝、枝组应均衡发展，位置好的弱枝要刻意保护。侧枝数量和位置因主干高矮而定，干高者多留侧枝，干矮者则应少留。侧枝经人工剪截攀拉调整成互生状态，使得盆树整体自然。缺枝位可用刻伤刺激隐芽抽枝补空，或采用切腹接、靠接等办法增枝补空。可通过缓放留枝，多摘心促使中、下部细的侧枝加粗生长，对中、上部过粗侧枝，疏除大枝组，减少枝叶量，削弱长势，以此法使上下枝组间粗细均衡。盆栽石榴无论整体树冠还是各侧枝冠形，均以整理培养成圆头形或圆弧形，才符合石榴生长习性，有利生长发育，开花结果。对主干上的侧枝、枝组的着生位置，生长方向的培养，除运用上述各种修剪技法、嫁接措施外，主要靠应用金属丝缠绕蟠扎，曲枝变向到设计要求的角度和方位。

（4）叶片处理　叶片是盆栽石榴光合作用制造有机营养的重要器官，叶的处理是盆栽石榴重要的修饰手法，主要采取以下措施。

①摘心。新芽抽生新枝后留2～3对叶或稍多，摘去新

梢嫩叶，留下的叶腋间的腋芽萌发生长出二次枝后，再一次留2～3对叶摘去嫩梢，如此反复进行多次摘心，既增加枝干上的小枝及叶片数量，又使各侧枝、枝组上的芽获得充足有机营养，形成花芽，开花结果，达到观花赏果的艺术效果。

②抹芽。盆栽石榴主干、大枝及根颈部极易萌发不定芽，对没有任何造型用途的新芽应及时抹除，防止消耗盆树有限的营养，影响通风透光，诱发病害而造成树势衰弱。

（5）露根技巧 盆栽石榴作露根处理后韵味无穷，既增了它的艺术美，又利于成花结果，从而提高了它的形态美。露根方法如下。

①松土法。将假植树坯或盆栽树根基部土，用竹签、小刀等撬松，利用浇水时水的冲力冲走表土使根渐渐露出；也可每次取掉根基一薄层表土，观察养护一段时间，树的长势基本稳定后再去掉少量表土，如此反复进行，直至达到预定露根要求。

②提根法。春季换盆时，在盆底加铺一层石榴新根生长所需厚度的培养土，然后将原盆树土团撬松，下部根系稍加整理，放入盆中，使原树根基适当高出盆面，再修剪高出盆面的视根，使根基裸露。采用此法逐年提高原树根基，达到预期的露根效果。也可将原树盆边用瓦片、木板、铁皮、硬塑料板等围起，盆底部也铺一定厚度的粗培养土，然后将整个石榴树提到设计高度栽好。以后随石榴生长情况，自上而下逐渐去掉盆上加高的泥土，亦可达到露根效果。

③套根法。将原树盆底凿穿（或预先栽入无底盆中），套入另一盛满培养土的盆上，使新根由上盆长到下盆土中。以后根据生长情况，自上而下逐渐去掉上盆泥土，使根部日

渐露出，直至上盆泥土去完，根系完全移入下盆后去掉上盆，完成露根处理。

④压根法。石榴采用附石式盆栽时常用此法。将用作盆栽的树，挖时根尽量留长，然后按照石材特点和设计要求，用一细金属丝将根缠扎在石缝内，再在石缝中填入泥浆，最后将树和石一块植入盆中。以后根据生长情况，由上而下逐步扒开石上泥土，松开绑线，露出根部，并剪去无用细根，即可获取树与石浑然一体的附石式露根盆树。

98. 盆景的养护管理要点有哪些？

（1）浇水

①原则。由于盆的容积有限，盆土量少，浇水少时盆土易干燥，至盆树因缺水而生长不良或枯死；浇水过勤过多易引起枝条徒长，破坏盆树的优美形体，盆土长期潮湿，土内空气稀少，盆树根会窒息腐烂，甚至死亡。只有本着不干不浇、浇则浇透、新叶"歇晌"赶快浇水、追肥之后必须浇水的原则，适时适量浇好水，才能使盆中石榴健壮生长。

②时间与水量。浇水量与次数因季节有差异，且因盆体大小、质地、盆土结构等而不同。春、秋季节每周浇水1次，早、晚都可以；夏季高温蒸发量大，每隔2～3天浇水1次，早晚浇，禁忌用热水；冬季落叶休眠期每月浇水1～2次，中午浇水，忌用冷水。盆小、土少、树大时要勤浇，盆大、土多、树小时可少浇；瓦盆、木桶、沙土要多浇，瓷盆、釉缸、黏土要少浇；萌芽、膨果水要勤，蕾期、花期水要少；高温干旱要勤浇，阴雨之天不需浇。总之，要区别对待，灵活浇水。

③水源与方法。各种天然水、自来水经贮放接近室温后均可用来浇石榴树。可用洒水壶、软管引水、装置喷灌设备、盆内根部预埋渗水管等方法适时浇水。

④盆面覆盖。在盆面土上加铺一块扎有细孔的塑料薄膜，减少盆土水的蒸发，可解决浇水少时干枯死树、浇水多时养分淋失的矛盾。

（2）施肥

①种类。盆栽石榴采用的肥料种类与大田石榴栽培相同，分为有机肥和无机肥两大类。有机肥为各种农家肥、饼肥，是迟效肥、全效肥，必须充分腐熟，多作底肥，在上盆、倒盆时掺入盆土中使用。无机肥是速效肥，指各种化肥，多作追肥土施或叶面喷施。

②方法。基肥。将腐熟后的有机肥掺配到盆土中，达到提高盆土肥力的目的，掺肥量根据有机肥种类，以不超过盆土总量的 10%～20% 为宜。盆底垫蹄角片时需在蹄角上盖一层土将根隔开。超量施肥或蹄角片不隔土，极易产生肥害伤根，影响成活和生长。

追肥。盆栽石榴生长期间需不断补施速效肥料，以满足生枝长叶、开花结果对营养物质的需要。盆土追施各种液态肥的浓度，各种化肥为 1%～2%，各种饼肥不超过 10%；追施颗粒状固态化肥，肥土比为 1：10，应远离根颈撒到盆土中。土施追肥以晴天无雨、盆土稍干时进行最好，施后浇水。

根外追肥。盆栽石榴采用叶面喷肥形式追肥能快速供给树体营养，促使枝叶生长和开花结果。叶面追肥时浓度要低，尿素为 0.5%～1%，硼酸（砂）、硫酸锌、磷酸二氢钾等为 0.2%～0.3%，过磷酸钙、磷酸氢二铵、草木灰等为

1％～5％的沉淀浸出液。叶面肥宜在上午 10 时前、下午 4 时后或阴天、无风天进行。喷后叶面保持 1 小时湿润，有利于营养迅速吸收。喷肥时要求雾化要细，叶面、叶背均匀喷到。肥料和杀虫剂、杀菌剂可以混合，肥料充分溶化过滤后施用。

另外，石榴盆栽后更要注意氮、磷、钾肥料的配合施用，一般比例是氮 2 份、磷 4 份、钾 3 份。春季多施氮肥，秋季多施磷肥和钾肥。幼树多施氮、磷肥，开花结果树多施磷、钾肥。盆栽石榴施肥要按照薄肥勤施的原则，每次施肥要淡要少，施肥次数要勤要多，一般情况下每隔半月需施（追）肥 1 次。

③肥害预防及挽救。肥害症状。正常生长的盆树施肥后不久，出现局部枝干上的叶片变黄，新梢萎枯现象且逐渐危及全株。肥害首先出现在弱枝弱树上，一般规律是弱树弱枝重，壮树健枝轻。

产生原因。肥害形成原因常因施肥方法不当引起，施用生肥（饼肥、鸡粪等）后，肥料腐烂发酵产生高温烧伤根系。或因施肥浓度过高，根毛、细根细胞内水分倒渗脱水后死亡，导致根死树亡。

预防办法。有机肥必须充分腐熟后才能使用。追肥时肥量要小，浓度要低，本着薄肥勤施、不熟不施、远离根颈靠边施肥的原则，适时适量追肥。

抢救措施。肥害一旦出现，应立即掏出施入的干肥块或颗粒肥及部分表土，将盆放到通风地方浇透水，淋出肥液，叶面经常喷水。肥害严重时要脱盆冲洗，剪去受害根尖，更换盆土，剪去部分枝叶并遮阴养护，待恢复生长后转入正常管理。

（3）修剪　石榴盆栽定型后，不能任其自由生长，生长期间经常运用摘心叶、除萌蘖、剪旺梢、抹荒芽和露根管护等措施，保持盆树的优美造型和神韵。

（4）促花保果　结实品种的石榴经盆栽后，由于盆土有限，营养不足，往往成花较困难，不易结果。为提高盆栽石榴的观花赏果效果，栽培时一定要科学合理施肥、浇水，日常管理中运用拉枝、曲枝、轻度环切、环剥、摘心控梢，叶喷或土施 B_9、多效唑等生长抑制剂来促使形成优质花芽，现蕾开花期注意疏蕾疏花，人工点花授粉，花期喷硼肥及适当控水等措施提高结实率，结果后适当疏果、追施肥水等办法促果肥大，提高品质。

（5）病虫害防治　盆栽石榴病虫害种类与露地栽植的石榴完全相同。防治方法同露地栽培。

（6）越冬防寒　石榴树喜暖怕寒，矮生种（月季石榴、墨石榴等）更不耐寒，盆栽时更要注意安全越冬，防止因低温产生小枝抽条干枯，大枝、主干冻裂冻死等现象发生。常采用的防寒措施是：越冬时期将盆栽石榴整盆埋入土中，主干束草，树冠喷布高脂膜，四周设风障；将盆树移入塑料大、中棚等保温型设施内；移入窑洞、地窖等处越冬；少量盆树可直接搬至居室内管护。第二年 3 月上中旬逐渐移出越冬场所进行管护。

十、石榴病虫害防治

99. 桃蛀螟危害石榴有何特点？怎样防治？

桃蛀螟又名桃蛀野螟、桃蛀心虫。主要以幼虫从果与果、果与叶、果与枝的接触处钻入果实危害。果实内充满虫粪，致果实腐烂并造成落果或干果挂在树上。

多数地区1年发生4代，以老熟幼虫或蛹在僵果中、树皮裂缝、堆果场及残枝败叶中越冬。4月上旬越冬幼虫化蛹，下旬羽化产卵；5月中旬发生第一代；7月上旬发生第二代；8月上旬发生第三代；9月上旬为第四代，尔后以老熟幼虫或蛹越冬。成虫昼伏夜出，对黑光灯趋性强，对糖醋液也有趋性。卵散产于两果相并处和枝叶遮盖的果面或梗洼上，卵期7天左右。幼虫世代重叠严重，尤以第一、二代重叠常见，以第二代危害重。

防治要点：

①农业防治。冬春季节彻底清理树上、树下干僵果及园

内枯枝落叶和刮除翘裂的树皮，清除果园周围的玉米、高粱、向日葵、蓖麻等遗株深埋或烧毁，消灭越冬幼虫及蛹。

②诱杀成虫。成虫发生期在果园内点黑光灯或放置糖醋液诱杀成虫。

③种植诱集作物诱杀。根据桃蛀螟对玉米、高粱、向日葵趋性强的特性，在果园内或四周种植诱集作物，集中诱杀。一般每公顷种植玉米、高粱或向日葵300～450株。

④药剂防治。掌握在桃蛀螟第一、二代成虫产卵高峰期的6月20日至7月30日间喷药，施药3～5次，叶面喷洒90％晶体敌百虫800～1 000倍液或20％氰戊菊酯乳油1 500～2 000倍液、2.5％溴氰菊酯乳油2 000～3 000倍液、50％辛硫磷乳剂1 000倍液等。

100. 井上蛀果斑螟危害石榴有何特点？怎样防治？

井上蛀果斑螟以幼虫蛀入石榴果实内危害。导致果实内充满虫粪，极易引起裂果和腐烂。落果率一般在30％以上，重者80％～90％。使果实失去食用价值。

卵多散产于石榴的花萼、萼筒及果梗周围或石榴表面粗糙部，少数2～4粒直线排列。幼虫孵化后蛀入果内，食用石榴籽粒的外种皮和幼嫩籽核。幼虫向果外排出褐色颗粒粪便，一个果内可有5～10条幼虫。蛹期7～8天。从卵到成虫约需30天。

防治要点：

该虫因蛀果危害，孵化后在果外停留时间较短，一般杀虫剂无法触及杀死害虫，较难防治。

①严格检疫。重视该虫的入侵，积极采取预防措施，防

止其扩散危害。

②抓好全年防治。尤其在冬眠期要彻底清除园内病残果集中销毁，消灭越冬虫源。

③利用天敌防治。将园中清出的病虫果用小网眼纱网覆盖，待天敌飞出到新的寄主后，再销毁虫果。利用天敌控制该虫的发生。

④药剂防治。防治关键期为成虫产卵高峰期和卵孵化前后。可参考桃蛀螟防治方法。

101. 苹果蠹蛾危害石榴有何特点？怎样防治？

苹果蠹蛾又名食心虫。分布于新疆全境和甘肃敦煌。为对内对外重要检疫对象。以幼虫蛀食果实，多从果实胴部蛀入，深达果心食害籽粒，虫粪排至果外，有时成串挂在果上，造成大量落果。

1年发生2～3代，以老熟幼虫作茧在树皮缝隙、分枝处和各种包装材料上越冬。成虫昼伏夜出，有趋光性。成虫羽化后不久即可产卵，卵多散产于果树上层果实及叶片上，卵期5～25天。初孵幼虫多从果实梗洼处蛀入，幼虫期30天左右，幼虫可转果危害。

防治要点：

①加强检疫。对从新疆出境的苹果、石榴、桃、杏、梨等果实及包装物，严格检疫，严防该虫传播。

②农业防治。保持果园清洁，随时清理地下落果；冬春季刮刷老树皮，并用石灰水涂干，消灭越冬幼虫；树干基部束草把或破布，诱集幼虫入内化蛹捕杀之。

③药剂防治。在卵临近孵化时，喷洒2.5％溴氰菊酯乳

油3 000倍液或20％哒嗪硫磷乳油1 000倍液、20％氰戊菊酯乳油3 000倍液、10％氯氰菊酯乳油2 000倍液、20％戊菊酯乳油2 000倍液等。

102. 石榴巾夜蛾危害石榴有何特点？怎样防治？

石榴巾夜蛾以幼虫啃食嫩叶和新芽，随虫龄增大，蚕食叶片，仅残留主脉，虫口密度大时，整株石榴叶片几乎被吃光。成虫9月上旬为害严重，为石榴的重要吸果害虫。

多数地区1年发生4～5代，以蛹在土中越冬。翌年4月至5月上旬越冬蛹羽化为成虫，成虫寿命7～18天，昼伏夜出，有趋光性。单雌产卵90粒左右，卵多散产在嫩枝叶腋间、皮缝中或叶片背面。卵期4～8天。初孵幼虫取食枝梢的嫩叶和嫩枝的皮。幼虫体色与石榴树皮近似，白天虫体伸直紧伏在枝条背阴处不易发现，夜间活动取食。幼虫行动姿势相似于尺蛾幼虫，遇振动能叶丝下垂。非越冬幼虫老熟化蛹于枝干交叉或大的树皮裂缝等处。蛹期4～6天。9月末10月底老熟幼虫下树，在树干附近土中化蛹越冬。

防治要点：

①农业防治。落叶至萌芽前的11月至翌年3月间，在树干周围挖捡越冬虫蛹或翻耕园地，利用低温和鸟食消灭越冬蛹。幼虫发生期人工捕捉幼虫喂食家禽。

②成虫发生期利用黑光灯诱杀成虫。

③保护利用天敌防治。

④药剂防治。在卵孵化盛期和低龄幼虫期喷洒90％晶体敌百虫800～1 000倍液或50％辛硫磷乳油1 500～2 000倍液或2.5％溴氰菊酯乳油2 000倍液等。

103. 榴绒粉蚧危害石榴有何特点？怎样防治？

榴绒粉蚧又名紫薇绒蚧、石榴绒蚧。以成虫和若虫吸食幼芽、嫩枝和果实、叶片汁液，削弱树势。其分泌物易诱发煤污病，使枝叶变黑、叶片脱落、枯死。

一般地区1年发生3代，以第三代若虫于11月上旬在枝干皮缝、翘皮下及枝杈等处越冬。翌年4月上中旬越冬若虫雌雄分化，5月上旬雌成虫开始产卵，单雌产卵100～150粒，卵产于伪介壳内，卵期10～20天，孵化后从介壳中爬出危害。第一代若虫发生在6月上中旬；第二、三代若虫分别发生在7月中旬、8月下旬，世代重叠。

防治要点：

①农业防治。冬、春季用硬毛刷子细刮树皮，刷除树皮缝隙中的越冬若虫，集中烧毁或深埋。

②生物防治。有条件地区可人工饲养和释放天敌瓢虫、跳小蜂和姬小蜂等防治。

③药剂防治。于各代若虫发生高峰期叶面喷洒0.9％阿维菌素乳油6 000倍液或25％噻嗪酮可湿性粉剂2 000倍液、5％顺式氰戊菊酯乳油1 500倍液、20％辛·甲氰乳油3 000倍液等。

104. 棉蚜危害石榴有何特点？怎样防治？

棉蚜俗称蜜虫、腻虫、雨旱。以成、若蚜群集花蕾、幼芽、嫩叶吸食危害，致嫩芽、叶卷曲，花器官萎缩，并排出大量黏液玷污叶面，引发煤污病。

一年发生 20～30 代。以卵在石榴、花椒、木槿枝条上越冬。翌年 4 月开始孵化并危害，5 月下旬后迁至花生、棉花上继续繁殖危害；至 10 月上旬又迁回石榴、花椒等木本植物上，繁殖危害一个时期后产生性蚜，交尾产卵于枝条上越冬。棉蚜在石榴树上危害时间主要在 4～5 月及 10 月，6～9 月主要危害农作物。天敌有七星瓢虫、食蚜蝇等。

防治要点：

①保护和利用天敌。在蚜虫发生危害期间，七星瓢虫等天敌对蚜虫有一定的控制作用，施药防治要注意保护天敌。当瓢蚜比为 1∶（100～200），或蝇蚜（食蚜）比为 1∶（100～150）时可不施药，充分利用天敌的自然控制作用。

②人工防治。在秋末冬初刮除蚜虫寄主翘裂树皮，清除园内枯枝落叶及杂草，消灭越冬蚜虫。

③药剂防治。发芽前的 3 月末 4 月初，以防治越冬有性蚜和卵为主，以降低当年繁殖基数。在果树生长期的防治关键时间为 4 月中旬至 5 月下旬，其中 4 月 25 日和 5 月 10 日两个发生高峰前后施药尤为重要，可喷洒 20％氰戊菊酯乳油 1 500～2 000 倍液或 40％乙酰甲胺磷乳油 1 200 倍液、2.5％溴氰菊酯乳油 2 500～3 000 倍液、5.7％氟氯氰菊酯乳油 3 000 倍液、40％辛硫磷乳油 1 000 倍液等。

105. 刺蛾类危害石榴有何特点？怎样防治？

危害石榴的刺蛾主要有：

黄刺蛾：低龄幼虫群集叶背面啃食叶肉，稍大把叶食成网状，随虫龄增大则分散取食，将叶片吃成缺刻，仅留叶柄和叶脉，重者吃光全树叶片。

白眉刺蛾：低龄幼虫啃食叶肉，稍大把叶片食成缺刻或孔洞，重者仅留主脉。

丽绿刺蛾：以幼虫蚕食叶片，低龄幼虫群集叶背食叶成网状，重者食净叶肉，仅剩叶柄。

青刺蛾：低龄幼虫取食叶的下表皮和叶肉，留下上表皮，致叶片呈不规则黄色斑块，大龄幼虫食叶成孔洞和缺刻，重者吃光全叶，仅留主脉。

扁刺蛾：初孵幼虫群集叶背啃食叶肉，使叶片仅留透明的上表皮。随虫龄增大，食叶成空洞和缺刻，重者食光叶片。

防治要点：

①农业防治。冬春季剪除冬茧集中烧毁，消灭越冬幼虫。

②生物防治。摘除冬茧时，识别青蜂（冬茧上端有一被寄生蜂产卵时留下的小孔）选出保存，来年放入果园天然繁殖寄杀虫茧。喷洒每克含1亿活孢子的杀螟杆菌或青虫菌6号悬浮剂防治。

③药剂防治。幼虫危害初期喷洒90％晶体敌百虫或50％敌敌畏乳油800～1 000倍液；40％辛硫磷乳油1 200倍液、50％杀螟硫磷乳油1 000倍液、20％氰戊菊酯乳油2 500倍液、25％灭幼脲悬浮剂2 000倍液、2.5％溴氰菊酯乳油3 000～4 000倍液等。

106. 大袋蛾危害石榴有何特点？怎样防治？

大袋蛾又名蓑衣蛾、大蓑蛾。幼虫吐丝缀叶成囊，隐藏其中，头伸出囊外取食叶片及嫩芽，啃食叶肉留下表皮，重者成孔洞、缺刻，直至将叶片吃光。护囊枯枝色，橄榄形，囊系以丝缀结叶片、枝皮碎片及长短不一的枝梗而成，枝梗不整齐地纵列于囊的最外层。

1年发生1代，以幼虫在护囊内悬挂于枝上越冬。4月20日至5月25日越冬幼虫化蛹，5月30日至6月3日成虫羽化产卵，卵历期15～18天，卵孵化盛期在6月20～25日。幼虫孵化后从旧囊内爬出再结新囊，爬行时护囊挂在腹部末端，头胸露在外取食叶片，直至越冬。天敌有大腿小蜂、脊腿姬蜂和寄生蝇等。

防治要点：

①生物防治。喷洒大袋蛾多角体病毒（NPV）和苏云金杆菌（Bt），防治效果好；保护利用天敌。

②农业防治。发现虫袋及时摘除，碾压或烧毁。

③药剂防治。在7月5～20日前后，幼虫低龄期，虫囊长约1厘米，喷洒90%晶体敌百虫1 000倍液或50%敌敌畏乳油1 200倍液、5%氟氯氰菊酯乳油2 000～2 500倍液、20%辛·甲氰乳油3 000倍液、50%辛硫磷乳油1 200倍液等。

107. 茶蓑蛾危害石榴有何特点？怎样防治？

茶蓑蛾又名小窠蓑蛾、小蓑蛾、小袋蛾。幼虫在护囊中咬食叶片、嫩梢或剥食枝干、果实皮层，造成局部光秃。护囊纺锤形，枯枝色，囊系以丝缀结叶片、枝条碎片及长短不一的枝梗而成，枝梗整齐地纵裂于囊的最外层。该虫喜集中危害。

通常1年发生1～2代，以幼虫在枝叶上的护囊内越冬。翌春3月越冬幼虫开始取食，5月中下旬化蛹，6月上旬至

7月中旬成虫羽化并产卵，卵期12～17天。第一代幼虫6～8月发生且危害重，幼虫期50～60天。第二代幼虫9月出现，危害至落叶越冬。幼虫孵化后先取食卵壳，后爬上枝叶或飘至附近枝叶上，吐丝黏缀碎叶营造护囊并开始取食。天敌有蓑蛾疣姬蜂、松毛虫疣姬蜂、桑蟥疣姬蜂、大腿蜂、小蜂等。

防治要点：

①农业防治。发现虫囊及时摘除，集中烧毁。

②生物防治。注意保护利用寄生蜂等天敌昆虫。或喷洒每克含1亿活孢子的杀螟杆菌或青虫菌6号悬浮剂防治。

③药剂防治。掌握在幼虫初孵期喷洒90％晶体敌百虫或50％杀螟硫磷乳油1 000倍液，80％敌敌畏乳油1 200倍液、2.5％溴氰菊酯乳油2 000倍液、10％溴氟菊酯乳油1 500倍液等。

108. 白囊蓑蛾危害石榴有何特点？怎样防治？

白囊蓑蛾又名白囊袋蛾、白袋蛾、白蓑蛾。幼虫在护囊中咬食叶片、嫩梢或剥食枝干、果实皮层，造成寄主植物光秃。蓑囊灰白色，长圆锥形，丝质紧密，表面无枝和叶附着。

1年发生1代，以低龄幼虫于蓑囊内在枝干上越冬。翌春寄主发芽展叶期幼虫开始危害，6月老熟化蛹，6月下旬至7月羽化，雌虫仍在蓑囊里，雄虫飞来交配，产卵在蓑囊内。卵期12～13天。幼虫孵化后爬出蓑囊，爬行或吐丝下垂分散传播，在枝叶上吐丝结新蓑囊，常数头在叶上群居食害叶肉，随幼虫生长，蓑囊渐大，幼虫活动时携囊而行，取食时头胸部伸出囊外，受惊扰时缩回囊内，经一段时间取食便转至枝干上越冬。天敌有寄生蝇、姬蜂、白僵菌等。

防治要点：

①农业和生物防治。发现蓑囊及时摘除；保护利用天敌。

②药剂防治。幼虫低龄期，虫囊长约 1 厘米时，喷洒90％晶体敌百虫或 50％敌敌畏乳油、2％氰丙菊酯乳油1 000倍液；20％氰戊菊酯乳油或 5％顺式氰戊菊酯乳油3 000倍液；5％氟氯氰菊酯乳油2 000～2 500倍液、20％辛·甲氰乳油3 000倍液等。

109. 樗蚕蛾危害石榴有何特点？怎样防治？

樗蚕蛾又名樗蚕、柏蚕、乌桕樗蚕蛾。以幼虫食叶和嫩芽，轻者食叶成缺刻或孔洞，严重时把全树叶片吃光。

北方 1 年发生 1～2 代，南方 1 年发生 2～3 代，以蛹在茧内越冬。河南中部越冬蛹于 4 月下旬开始羽化为成虫，成虫有趋光性，远距离飞行可达3 000 米以上。成虫寿命 5～10天，单雌产卵 300 粒左右。卵块状产在寄主的叶背和叶面上，卵期 10～15 天。第一代幼虫在 5 月份发生，历期 30 天左右，初孵幼虫群集危害，稍大后逐渐分散。在枝叶上由下而上，昼夜取食。幼虫老熟后即在树上缀叶结茧，树上无叶时，则下树在地被物上结褐色粗茧化蛹，蛹期 50 多天。7月底 8 月初第一代成虫羽化产卵。9～11 月第二代幼虫发生危害，以后陆续作厚茧化蛹越冬。幼虫天敌有绒茧蜂、喜马拉雅姬蜂、稻苞虫黑瘤姬蜂、樗蚕黑点瘤姬蜂等。

防治要点：

①人工捕捉。人工摘除卵块或直接捕杀幼虫喂食家禽；摘下的茧可用于缫丝和榨油。

②灯光诱杀。成虫发生期，用黑光灯诱杀成虫。

③生物防治。保护和利用天敌防治。

④药剂防治。卵孵化前后和低龄幼虫期，喷洒50％辛硫磷乳油或80％敌敌畏乳油1 000倍液；5％氯氰菊酯乳油或2.5％溴氰菊酯乳油、20％辛·甲氰乳油2 000倍液；辛·甲氰加辛硫磷各半1 500倍液，施药后24小时，其防治效果均为100％；不同剂型的鱼藤酮防治效果也很好；也可用20％敌敌畏熏烟剂，每公顷7.5～10.5千克，防治幼龄幼虫效果好。

110. 桉树大毛虫危害石榴有何特点？怎样防治？

桉树大毛虫俗称摇头媳妇。以幼虫取食嫩芽和叶片，常吃成缺刻和孔洞，严重时仅残留叶脉和叶柄，甚至把叶片全部吃光。

1年发生1～2代，以茧蛹越冬。盛蛾期分别为3月和7月。卵多块产在树冠上部突出的枝条上，单块125～955粒。卵期8～14天。幼虫6～7龄，历期85～123天，成长幼虫每晚可食10片左右石榴叶。7月第一代幼虫危害盛期；第二代幼虫在石榴采收后才进入盛发期，常给下年开花、结果造成很大影响。幼虫白天爬至大枝或主干背面静伏，体色与树皮色近同，难以发现。老熟幼虫在枝杈、杂草丛、砖石缝结纺锤形丝茧化蛹、越冬。天敌有梳胫节腹寄蝇等。

防治要点：

①农业防治。冬春季彻底清除园内枯叶杂草，翻耕园

地，消灭越冬茧蛹。

②人工捕捉。成虫发生及产卵期人工捕杀成虫，刮除枝干上卵块，捕捉枝干上栖息幼虫喂食家禽。

③药剂防治。卵孵化盛期叶面喷洒90％晶体敌百虫1 200倍液或50％杀螟硫磷乳油1 000倍液、20％氰戊菊酯乳油1 500～2 000倍液、5.7％氟氯氰菊酯乳油3 000倍液、2.5％溴氰菊酯乳油2 500～3 000倍液、40％辛硫磷乳油1 000倍液等。并注意防治二代幼虫。

111. 金毛虫危害石榴有何特点？怎样防治？

金毛虫又名桑斑褐毒蛾、桑毒蛾、黄尾毒蛾、黄尾白毒蛾等。初孵幼虫群集叶背面取食叶肉，仅留透明的上表皮，稍大后分散危害，将叶片吃成大的缺刻，重者仅剩叶脉，并啃食幼果和果皮。

1年发生2～6代，以幼虫结灰白色薄茧在枯叶、树杈、树干缝隙及落叶中越冬。2代区翌年4月开始危害春芽及叶片。一、二、三代幼虫危害高峰期主要在6月中旬、8月上中旬和9月上中旬，10月上旬前后开始结茧越冬。成虫昼伏夜出，产卵于叶背，形成长条形卵块，卵期4～7天。每代幼虫历期20～37天。幼虫有假死性。天敌主要有黑卵蜂、矮饰苔寄蝇、桑毛虫绒茧蜂等。

防治要点：

①农业防治。冬春季刮刷老树皮，清除园内外枯叶杂草，消灭越冬幼虫。在低龄幼虫集中危害时，摘虫叶灭虫。

②生物防治。掌握在2龄幼虫高峰期，喷洒多角体病毒，每毫升含15 000颗粒的悬浮液，每公顷喷300升。

③药剂防治。幼虫分散危害前，及时喷洒2.5％溴氰菊酯乳油或20％氰戊菊酯乳油3 000倍液；10％联苯菊酯乳油4 000～5 000倍液、52.25％蜱·氯乳油2 000倍液、50％辛硫磷乳油1 000倍液、10％吡虫啉可湿性粉剂2 500倍液等。

112. 茸毒蛾危害石榴有何特点？怎样防治？

茸毒蛾又名苹毒蛾、苹红尾蛾、纵纹毒蛾。幼虫食量大，危害时间长，食叶成缺刻或孔洞。局部地区易大发生，危害重。

1年发生1～3代，以蛹越冬。翌年4月下旬羽化，一代幼虫5至6月上旬发生，二代幼虫6月下旬至8月上旬发生，三代幼虫8月中旬至11月中旬发生，越冬代蛹期约6个月。黄淮产区二、三代发生重。卵块产在叶片和枝干上，每块卵20～300粒。幼虫历期20～50天，老熟幼虫将叶卷起结茧。天敌主要有毒蛾黑瘤姬蜂、蚂蚁、食虫蝽类等。

防治要点：

①农业防治。冬春清除园内枯枝落叶集中销毁，消灭越冬虫源。

②药剂防治。卵孵化盛期至低龄幼虫期，叶面喷洒25％灭幼脲悬浮剂2 000倍液或90％晶体敌百虫1 000倍液、25％溴氰菊酯乳油2000倍液、20％戊菊酯乳油1 500～2 000倍液、50％辛硫磷乳油1 200倍液等。

113. 绿尾大蚕蛾危害石榴有何特点？怎样防治？

绿尾大蚕蛾又名燕尾水青蛾、水青蛾、长尾月蛾、绿翅天蚕蛾。幼虫食叶，低龄幼虫食叶成缺刻或空洞，稍大吃光全叶仅留叶柄。由于虫体大，食量大，发生严重时，吃光全树叶片。

1年发生2～4代，在树上作茧化蛹越冬。北方果产区越冬蛹4月中旬至5月上旬羽化并产卵，卵期10～15天，第一代幼虫5月上中旬孵化，老熟幼虫6月上中旬开始化蛹。第一代成虫6月下旬至7月初羽化产卵，卵期8～9天；第二代幼虫7月上旬孵化，至9月底老熟幼虫结茧化蛹。成虫昼伏夜出，有趋光性，卵堆产，每堆有卵几粒至二三十粒。1～2龄幼虫有集群性，较活跃；3龄以后逐渐分散，食量增大，行动迟钝。幼虫老熟后贴枝吐丝缀结多片叶在其内结茧化蛹。越冬茧多在树干下部分叉处。天敌有赤眼蜂等。

防治要点：

①农业防治。冬春季清除果园枯枝落叶和杂草，摘除越冬虫茧销毁；生长季节人工捕杀幼虫，设置黑光灯诱杀成虫。

②生物防治。保护利用天敌，赤眼蜂在室内对卵的寄生率达84％～88％。

③药剂防治。卵孵化前后和幼虫3龄前喷药防治效果最佳，4龄后由于虫体增大用药效果差。可喷洒50％杀螟硫磷乳油1 500倍液或50％辛硫磷乳油1 200倍液；25％除虫脲胶悬剂或10％联苯菊酯乳油1 000倍液、10％乙氰菊酯乳油800～1 000倍液等。

114. 核桃瘤蛾危害石榴有何特点？怎样防治？

核桃瘤蛾又名核桃毛虫。偶发型暴食性害虫，以幼虫食害核桃和石榴叶片，7、8 月危害最重，几天内可将叶片吃光，致使二次发芽，导致树势衰弱，抗寒力降低，翌年大批枝条枯死。

1 年发生 2～3 代，以蛹在土、石块下、树皮裂缝及树干周围杂草落叶中越冬，在有石堰的地方，石堰缝中多达 97% 以上。越冬代成虫于 5 月下旬至 7 月中旬羽化，成虫对黑光灯光趋性强。单雌产卵 70～260 粒，卵单粒散产在叶背、叶腋处。第一代卵盛期在 6 月中旬，第二代卵盛期为 8 月上旬末，卵期 5～7 天。幼虫 3 龄前常 1～3 头在叶背及叶腋处黏叶取食叶肉；3 龄后转移危害，可食掉全叶，夜间取食最烈，树冠外围及上部受害重。幼虫期 18～27 天。幼虫老熟后下树作茧化蛹，第一代幼虫于 7 月下旬老熟下树，有少数在树皮裂缝中及枝权处结茧化蛹，蛹期 9～10 天；第二代幼虫于 9 月上中旬老熟，全部下树化蛹越冬，越冬蛹期 9 个月左右。

防治要点：

①农业防治。冬春季彻底清除园内枯枝落叶，翻耕园地，消灭越冬蛹。

②灯光诱杀。成虫发生期用黑光灯大面积联防诱杀。

③束草诱杀。利用老熟幼虫下地化蛹的习性在树干绑草诱杀，麦秸绳效果最好，青草效果差。

④药剂防治。在卵孵化前后和低龄幼虫期，喷洒 90% 晶体敌百虫或 50% 杀螟硫磷乳油 1 000～1 500 倍液；或 5.7% 氟氯氰菊酯乳油 3 000 倍液、2% 氟丙菊酯乳油 1 500～2 000 倍液、20% 氰戊菊酯乳油 2 000～3 000 倍液等。

115. 石榴小爪螨危害石榴有何特点？怎样防治？

石榴小爪螨又名石榴红蜘蛛、石榴叶螨。以成、若螨在叶面吸食汁液危害，严重时叶背也有，主要聚集在主脉两侧；卵壳在被害部位呈现一层银白色蜡粉。被害叶上的螨量，由数头到数百头不等。叶片先出现褪绿斑点，进而扩大成斑块，叶片黄化，质变脆，提早落叶。

早春和初冬雌、雄比约为（10～15）∶1。其卵在江西弋阳属兼性滞育，卵滞育后变成紫红色，环境条件适宜时，卵色才逐渐变浅，并很快孵化。每天12小时光照，6～10℃条件下发育成的雌螨，所产滞育卵占75%～90%；22℃下，滞育卵仅占32%。滞育卵多数产在叶背边缘和主脉两侧。该螨生长发育起始温度为7.9℃。天敌有食螨瓢虫和钝绥螨。连续暴雨可导致螨量急剧下降。

防治要点：

①保护和引放天敌。害螨达到每叶平均2头以下时，每株释放捕食性钝绥螨200～400头，放后1个半月可控制其危害。当捕食螨与石榴小爪螨虫口比例达到1∶25左右时，在无喷药伤害的情况下，有效控制期在半年以上。

②药剂防治。害螨发生初期叶面喷洒20%双甲脒可湿性粉剂1 000～2 000倍液或20%哒螨灵可湿性粉剂2 000～3 000倍液、5%苯螨特乳油1 500～2 000倍液、20%吡螨胺乳油2 500～3 000倍液；1.2%苦参碱乳油或1.2%烟·参碱乳油800～1 000倍液等。冬春季喷洒3～5波美度石硫合剂或洗衣粉200～300倍液等。

116. 麻皮蝽危害石榴有何特点？怎样防治？

麻皮蝽又名黄霜蝽、黄斑蝽、臭屁虫。成、若虫刺吸寄主植物的嫩茎、嫩叶和果实汁液。叶片和嫩茎被害后，出现黄褐色斑点，叶脉变黑，叶肉组织颜色变暗，重者导致叶片提早脱落、嫩茎枯死；果实被害，果面呈现黑色麻点。

1年发生1代，以成虫于草丛或树洞、树皮裂缝及枯枝落叶下、墙缝、屋檐下越冬。翌春果树发芽后开始活动，5～7月交配产卵，卵多产于叶背，数粒或数十粒黏在一起，卵期约10天，5月中旬见初孵若虫，7～8月羽化为成虫，危害至深秋，10月开始越冬。成虫飞行力强，喜在树冠上部活动，有假死性，受惊时分泌臭液。

防治要点：

①农业防治。冬春季清除园地枯叶杂草，集中烧毁或深埋。成、若虫危害期，掌握在成虫产卵前，于清晨震落捕杀。

②药剂防治。成虫产卵期和若虫期喷洒25％溴氰菊酯乳油2 000倍液或10％联苯菊酯乳油1 000～1 500倍液、30％乙酰甲胺磷乳油600～1 000倍液、10％乙氰菊酯乳油800～1 000倍液等。

117. 中华金带蛾危害石榴有何特点？怎样防治？

中华金带蛾俗称黑毛虫。幼虫食害叶片，轻者把叶片啃食成许多孔洞和缺刻，重者把叶片吃光并啃食嫩芽、树皮和果皮。

1年发生1代，以蛹越冬。7月初至8月下旬成虫羽化。成虫有较强的趋光性，昼伏夜出。成虫寿命7～10天，单雌产卵115～187粒，卵块产于叶片或嫩枝上，每块上百粒。卵期8～18天。1～2龄幼虫成团成排地聚集在叶片背面，幼龄幼虫受惊后具吐丝下垂、随风飘移习性，幼虫行动时后面的跟着前面，首尾相接。3龄后幼虫食量大增，白天群集潜伏在枝叶或树干背阴和树孔等处，每处少则一二十头，多则成百上千头，黄昏后再鱼贯而行向树冠枝叶爬去取食，黎明前又成群下移。随虫龄增大，栖息高度下降到主干基部，一株树上的幼虫常聚集在一处停息。可以转株为害。幼虫共6龄，3龄后腹节背面的凸字形黑斑才显现。幼虫危害期长达82～95天。10月下旬至11月上旬老熟，在树洞、树皮裂缝处、枯枝落叶、草丛内、石缝、土块下、土洞等处作茧化蛹越冬。幼虫集中危害时间在石榴采果后的9～10月，对树体安全越冬及来年产量影响很大。在湖南的发生比四川早1个月左右。天敌有寄生蜂、螳螂等。

防治要点：

①清洁果园。冬春季彻底清除果园内外的枯枝、落叶、杂草、烂果、僵果，深埋或烧毁，消灭越冬蛹。

②灯光诱杀。7～8月利用黑光灯或其他白炽灯诱杀成虫。

③保护利用天敌防治。

④人工摘除虫卵。在成虫产卵后及幼虫初孵期，及时摘除有卵和幼虫的叶片。

⑤捕捉幼虫。9～10月，幼虫白天群集于树干基部或大枝上，很容易发现，可以集中捕捉喂养家禽。

⑥药剂防治。掌握卵孵化盛期和低龄幼虫期，及时喷洒

90％晶体敌百虫800～1 000倍液或50％辛硫磷乳油1 200倍液、45％马拉硫磷乳油1 200～1 500倍液、50％杀螟硫磷乳油1 200～1 500倍液、10％醚菊酯乳油1 000倍液等。

118. 枣龟蜡蚧危害石榴有何特点？怎样防治？

枣龟蜡蚧又名日本龟蜡蚧、龟蜡蚧、龟甲蜡蚧，俗称枣虱子。若虫固贴在叶面上吸食汁液，排泄物布满枝叶，7～8月雨季易引起大量煤污菌寄生，使叶、枝条、果实布满黑霉，影响光合作用和果实生长。

1年发生1代，以受精雌虫密集在1～2年生小枝上越冬。越冬雌虫4月初开始取食，5月下旬至7月中旬产卵，卵期10～24天。6月中旬至7月上旬孵化，初孵若虫多爬到嫩枝、叶柄、叶面上固着取食，8月初雌雄开始性分化，8月下旬至10月上旬雄虫羽化，交配后即死亡。雌虫陆续由叶转到枝上固着危害，至秋后越冬。卵孵化期间，空气湿度大，气温正常，卵的孵化率和若虫成活率高。天敌有瓢虫、草蛉、长盾金小蜂、姬小蜂等。

防治要点：防治关键期是雌虫越冬期和夏季若虫前期。

①农业防治。从11月至翌年3月刮刷树皮裂缝中的越冬雌成虫，剪除虫枝；冬春季遇雨雪天气，及时敲打树枝震落冰凌，可将越冬雌虫随冰凌震落。

②保护利用天敌。

③药剂防治。在6月末7月初，喷洒50％甲奈威可湿性粉剂400～500倍液或50％敌敌畏乳油1 000倍液、20％辛·甲氰乳油3 000～4 000倍液等；秋后或早春喷洒5％的柴油乳剂防效好。

119. 八点广翅蜡蝉危害石榴有何特点？怎样防治？

八点广翅蜡蝉又名八点光蝉、八斑蜡蝉等。以成、若虫刺吸嫩枝、芽、叶汁液；排泄物易引发病害；雌虫产卵时将产卵器刺入嫩枝茎内，破坏枝条组织，被害嫩枝轻则叶枯黄、长势弱，难以形成叶芽和花芽，重则枯死。

1年发生1代，以卵在当年生枝条里越冬。若虫5月中下旬至6月上中旬孵化，低龄若虫常数头排列于一嫩枝上刺吸汁液危害，4龄后散害于枝梢叶果间，爬行迅速善于跳跃，若虫期40～50天。7月上旬成虫羽化，飞行力较强且迅速，寿命50～70天，危害至10月。成虫产卵期30～40天，卵产于当年生嫩枝木质部内，产卵孔排成一纵列，孔外带出部分木丝并覆有白色絮状蜡丝，极易发现与识别。成虫有趋聚产卵的习性，虫量大时被害枝上刺满产卵痕迹。

防治要点：

①农业防治。冬春剪除被害产卵枝集中烧毁，减少来年虫源。

②药剂防治。虫量多时，于6月中旬至7月上旬若虫羽化危害期，喷洒48%毒死蜱乳油1 000倍液或10%吡虫啉可湿性粉剂3 000～4 000倍液、5%氟氯氰菊酯乳油2 000～2 500倍液等。药液中加入含油量0.3%～0.4%的柴油乳剂或黏土柴油乳剂，可溶解虫体蜡粉显著提高防效。

120. 石榴茎窗蛾危害石榴有何特点？怎样防治？

石榴茎窗蛾又名花窗蛾。以幼虫蛀害枝条，造成当年生

新梢枯死，严重破坏树形结构。重灾果园危害株率达 95%
以上，危害枝率 3% 以上。

1 年发生 1 代，以幼虫在枝干内越冬。越冬幼虫一般
在 3 月末 4 月初恢复蛀食危害，5 月下旬幼虫老熟化蛹。6
月中旬至 8 月上旬羽化，羽化孔椭圆形。成虫昼伏夜出，
寿命 3～6 天。卵多单粒散产于嫩梢顶端 2～3 片叶芽腋
处。卵期 13～15 天。7 月上旬开始孵化，幼虫孵化后 3～
4 天自芽腋处蛀入嫩梢，沿髓心向下蛀纵直隧道；3～5 天
被害嫩梢和叶片发黄，极易发现。排粪孔间距离 0.7～3.7
厘米。一个枝条蛀生 1～3 头幼虫，一个世代蛀食枝干长
达 50～70 厘米。蛀入 1～3 年生幼树或苗木可达根部，致
使植株死亡；成龄树达 3～4 年生枝，破坏树形。当年在
茎内蛀食危害至初冬，在茎内休眠越冬。幼虫天敌有寄生
蝇等。

防治要点：

①春季石榴树萌芽后，剪除未萌芽的枝条（50～80 厘
米）集中烧毁，消灭越冬幼虫。

②自 7 月初每隔 2～3 天检查树枝 1 次，发现枯萎新梢
及时剪除烧毁，消灭初蛀入幼虫。

③保护利用天敌。

④药剂防治。在卵孵化盛期，喷洒 90% 晶体敌百虫
1 000 倍液或 20% 氰戊菊酯乳油 2 000～3 000 倍液、10% 联苯
菊酯乳油 1 500～2 000 倍液等，触杀卵和毒杀初孵幼虫。对
蛀入 2～3 年生枝干内幼虫，用注射器从最下一个排粪孔处
注入 500 倍液的晶体敌百虫或 1 000 倍液的联苯菊酯，然后
用泥封口毒杀，防治率可达 100%。

121. 豹纹木蠹蛾危害石榴有何特点？怎样防治？

豹纹木蠹蛾以幼虫钻蛀枝干，造成枯枝、断枝，严重影响生长。

1年发生1代，以老熟幼虫在树干内越冬。翌年春枝芽萌发后，再转移到新梢继续蛀食危害。6月中旬至7月中旬羽化交尾产卵，成虫羽化后，蛹壳一半露出孔外，长久不掉。成虫有趋光性，产卵于嫩枝、芽腋或叶上，卵期15～20天。幼虫孵化后先从嫩梢上部叶腋蛀入危害，幼虫蛀入后先在皮层与木质部间绕干蛀食木质部一周，因此极易从此处引起风折，幼虫再蛀入髓部，沿髓部向上蛀纵直隧道，隔不远处向外开一圆形排粪孔。被害枝梢3～5天内即枯萎，这时幼虫钻出再向下移不远处重新蛀入，经过多次转移蛀食，当年新生枝梢可全部枯死。幼虫危害至秋末冬初，在被害枝基部隧道内越冬。天敌有茧蜂、串珠镰刀菌等。

防治要点：

①及时清除、烧毁风折枝。在园地和周围的一些此虫寄主林、果树风折枝中，常有大量幼虫和蛹存在，要及时清除烧毁。

②药剂防治。在成虫产卵和幼虫孵化期喷洒10%氯菊酯乳油2 000倍液或20%氰戊菊酯乳油2 500倍液、90%晶体敌百虫1 000倍液、50%杀螟硫磷乳油1 500倍液、40%辛硫磷乳油1 200倍液等，消灭卵和幼虫。

122. 黑蝉危害石榴有何特点？怎样防治？

黑蝉又名蚱蝉，俗名蚂吱嘹、知了。成虫刺吸枝条汁液，并产卵于 1 年生枝条木质部内，造成枝条枯萎而死。若虫生活在土中，刺吸根部汁液，削弱树势。

经 12～13 年完成 1 代，以卵于被害树枝内及若虫于土中越冬。越冬卵于翌年春孵化，若虫孵化后，潜入土壤中50～80 厘米深处，吸食树木根部汁液，在土中生活 12～13年。若虫老熟后于 6～8 月出土羽化，羽化盛期为 7 月。若虫于夜间出土，高峰时间为 20∶00～24∶00 时，出土后不久即羽化为成虫。成虫寿命 60～70 天，栖息于树枝上，夜间有趋光扑火的习性，白天"吱、吱"鸣叫之声不绝于耳。产卵于当年生嫩梢木质部内，产卵带长达 30 厘米左右，产卵伤口深及木质部，受害枝条干缩翘裂并枯萎。

防治要点：

①农业防治。利用若虫出土附在树干上羽化的习性和若虫可食的特点，发动群众于夜晚捕捉。成虫发生期于夜间在园内、外堆草点火，同时摇动树干诱使成虫扑火自焚。在雌虫产卵期，及时剪除产卵萎蔫枝梢，集中烧毁。

②药剂防治。产卵后入土前，喷洒 40％辛硫磷乳油或45％马拉硫磷乳油、50％丙硫磷乳油 1 000～1 200 倍液；2.5％溴氰菊酯乳油或 10％联苯菊酯乳油 2 000～2 500 倍液；25％灭幼脲悬浮剂 1 500～2 000 倍液等。

123. 苹毛丽金龟危害石榴有何特点？怎样防治？

苹毛丽金龟又名长毛金龟子。成虫食害嫩叶、芽及花器，幼虫危害地下组织。

1 年发生 1 代，以成虫在土中越冬。翌春 3 月下旬出土危害至 5 月下旬，主要危害蕾花，成虫发生期 40～50 天。4

月中旬至 5 月上旬产卵于土壤中，卵期 20～30 天。5 月底至 6 月初卵孵化，幼虫期 60～80 天，危害地下根系。7 月底至 8 月下旬化蛹。9 月中旬成虫羽化后即在土中越冬。成虫具假死性，喜食花器，一般先危害杏、桃，后转至苹果、石榴上危害。卵多产于 9～25 厘米且土质疏松的土层中。天敌有红尾伯劳、灰山椒鸟、黄鹂等益鸟和朝鲜小庭虎甲、深山虎甲、粗尾拟地甲及寄生蜂、寄生蝇、寄生菌等。

防治要点：

此虫虫源来自多方面，特别是荒地虫量最多，故应以消灭成虫为主。

①早、晚张网震落成虫，捕杀之。

②保护利用天敌。

③地面施药，控制潜土成虫。常用药剂有 5％辛硫磷颗粒剂每公顷 45 千克撒施；或 50％辛硫磷乳油每公顷 4.5～6 千克加细土 450～600 千克拌匀成毒土撒施；或稀释 500～600 倍液均匀喷于地面。使用辛硫磷后应及时浅耙，提高防效。

④树上施药。于果树开花前，喷洒 52.25％蜱·氯乳油或 50％杀螟硫磷乳油、45％马拉硫磷乳油、48％毒死蜱乳油 1 000～1 500 倍液，或 2.5％溴氰菊酯乳油 2 000～3 000 倍液、5％氟虫脲乳油 1 200 倍液等。

124. 石榴干腐病有何症状？如何防治？

石榴干腐病病原菌为真菌。在国内各产区均有发生，除危害干枝外，也危害花器、果实，是石榴的主要病害，常造成整枝、整株死亡。干枝发病初期皮层呈浅黄褐色，表皮无症状。以后皮层变为深褐色，表皮失水干裂，变得粗糙不平，与健部区别明显。条件适合发病部位扩展迅速，形状不规则，后期病部皮层失水干缩、凹陷，病皮开裂，呈块状翘起，易剥离，病症渐深达木质部，直至变为黑褐色，终使全树或全枝逐渐干枯死亡。而花果期于5月上旬开始侵染花蕾，以后蔓延至花冠和果实，直至1年生新梢。在蕾期、花期发病，花冠变褐，花萼产生黑褐色椭圆形凹陷小斑。幼果发病首先在表面发生豆粒状大小不规则浅褐色病斑，逐渐扩为中间深褐、边缘浅褐的凹陷病斑，再深入果内，直至整个果实变褐腐烂。在花期和幼果期严重受害后造成早期落花落果；果实膨大期至初熟期，则不再落果，而干缩成僵果悬挂在枝梢。僵果果面及隔膜、籽粒上着生许多颗粒状的病原菌体。

防治要点：

①选栽抗病品种。

②冬春季节结合消灭桃蛀螟越冬虫蛹，搜集树上树下干僵病果烧毁或深埋，辅以刮树皮、石灰水涂干等措施减少越冬病源，还可起到树体防寒作用。

③套袋保护。生理落果后喷1次杀虫、杀菌剂套袋，防病效果好。

④及时防治桃蛀螟及其他蛀果害虫，可减轻该病害发生。

⑤药剂防治。从3月下旬至采收前20天，喷洒1∶1∶160的波尔多液或40%多菌灵胶悬剂500倍液，或50%甲基硫菌灵可湿性粉剂800～1000倍液4～5次，防治率可达63%～76%。黄淮地区以6月25日至7月15日的幼果膨大期防治果实干腐病效果最好。休眠期喷洒3～5

波美度石硫合剂。

125. 石榴果腐病有何症状？如何防治？

石榴果腐病病原菌为真菌。由褐腐病菌侵染造成的果腐，多在石榴近成熟期发生。初在果皮上生淡褐色水渍状斑，迅速扩大，以后病部出现灰褐色霉层，内部籽粒随之腐坏。病果常干缩成深褐色至黑色的僵果悬挂于树上不脱落。病株枝条上可形成溃疡斑。

由酵母菌侵染造成的发酵果也在石榴近成熟期出现，贮运期进一步发生。病果初期外观无明显症状，仅局部果皮微现淡红色。剥开带淡红色部位果瓤变红，籽粒开始腐败，后期果内部腐坏并充满红褐色带浓香味浆汁。用浆汁涂片镜检可见大量酵母菌。病果常迅速脱落。

自然裂果或果皮伤口处受多种杂菌（主要是青霉和绿霉）的侵染，由裂口部位开始腐烂，直至全果，阴雨天气尤为严重。

果腐病的突出症状除一部分干缩成僵果悬挂于树上不脱落外，多数果皮糟软，果肉籽粒及隔膜腐烂，对果皮稍加挤压，就可流出黄褐色汁液，至整果烂掉，失去食用价值。

防治要点：

①防治褐腐病。于发病初期用 40％多菌灵可湿性粉剂600 倍液喷雾，7 天 1 次，连用 3 次，防效 95％以上。

②防治发酵果。关键是杀灭榴绒粉蚧和其他介壳虫如康氏粉蚧、龟蜡蚧等，于 5 月下旬和 6 月上旬两次施用 25％优乐得可湿性粉剂，每公顷每次 600 克，使用稻虱净也有良好防效。

③防治生理裂果。用浓度为 50 毫克/升的赤霉素于幼果膨大期喷布果面，10 天 1 次，连用 3 次，防裂果率达 47%。

126. 石榴褐斑病有何症状？如何防治？

石榴褐斑病病原菌为真菌。主要危害果实和叶片。病园的病叶率达 90%～100%，8～9 月大量落叶，树势衰弱，产量锐减。尤其严重影响果实外观。叶片感染初期为黑褐色细小斑点，逐步扩大呈圆形、方形、多角形不规则的 1～2 毫米小斑块。果实上的病斑形状与叶片的相似，但大小不等，有细小斑点和直径 1～2 厘米的大斑块，重者覆盖 1/3～1/2 的果面。在青皮类品种上病斑呈黑色，微凹状，有色品种上病斑边缘呈浅黄色。

防治要点：

①农业防治。在落叶后至翌年 3 月，彻底清除园内落叶，摘除树上病、僵果，深埋或烧毁，消灭越冬病源。

②药剂防治。发病初期叶面喷洒 50%百·福可湿性粉剂 600～800 倍液或 78%代·波可湿性粉剂 500 倍液、75%百菌清可湿性粉剂 600 倍液、25%多菌灵可湿性粉剂 800～1 000倍液等。

127. 石榴黑霉病有何症状？如何防治？

石榴黑霉病病原菌为真菌。石榴果实初生褐色斑，后逐渐扩大，略凹陷，边缘稍凸起，湿度大时病斑上长出绿褐色霉层，即病原菌的分生孢子梗和分生孢子。温室越冬的盆栽石榴多发生此病，影响观赏。另从广东、福建等地北运的石榴，在贮运条件下，持续时间长也易发生黑霉病。

防治要点：

①调节石榴园小气候，及时灌排水，保持风光透通，防湿气滞留。

②及时防治蚜虫、粉虱及介壳虫。

③药剂防治。点片发生阶段，及时喷洒80％代森锰锌可湿性粉剂600倍液或80％代森锌可湿性粉剂500倍液、50％多菌灵可湿性粉剂1 000倍液、40％多菌灵胶悬剂600倍液、50％多·硫可湿性粉剂1 000倍液、65％硫菌·霉威可湿性粉剂1 500倍液等，15天左右1次，防治1～2次。

④果实贮运途中保证通风，最好在装车前喷上述杀菌剂预防。

128. 石榴蒂腐病有何症状？如何防治？

石榴蒂腐病病原菌为真菌。主要危害果实，引起蒂部腐烂。病部变褐呈水渍状软腐，后期病部生出黑色小粒点，即病原菌分生孢子器。

防治要点：

①加强石榴园管理，施用酵素菌沤制的堆肥或保得生物肥或腐熟有机肥、合理灌水，保持石榴树生长健壮。雨后及时排水，防止湿气滞留，减少发病。

②药剂防治。发病初期喷洒27％春雷·王铜可湿性粉剂700倍液、75％百菌清可湿性粉剂600倍液、50％百·硫悬浮剂600倍液等，10天1次，防治2～3次。

129. 石榴焦腐病有何症状？如何防治？

石榴焦腐病病原菌为真菌。果面或蒂部初生水渍状褐斑，后逐渐扩大变黑，后期产生很多黑色小粒点，即病原菌的分生孢子器。

防治要点：

①加强管理，科学防病治虫、浇水施肥，增强树体抗病能力。

②药剂防治。发病初期喷洒1∶1∶160倍式波尔多液或40％百菌清悬浮剂500倍液、50％甲基硫菌灵可湿性粉剂1 000倍液等。

130. 石榴曲霉病有何症状？如何防治？

石榴曲霉病病原菌为真菌。危害石榴果实。染病果初呈水渍状湿腐，果面变软腐烂，后在烂果表面产生大量黑霉，即病菌分生孢子梗和分生孢子。

防治要点：

①农业防治。科学修剪，合理施肥，保持果园通风透光良好，雨后及时排水。

②药剂防治。发病初期及时喷洒50％多菌灵可湿性粉剂800倍液或47％春雷·王铜可湿性粉剂800倍液、24％唑菌腈悬浮剂2 000倍液等，10天左右1次，连续防治2～3次。

131. 石榴疮痂病有何症状？如何防治？

石榴疮痂病病原菌为真菌。主要危害果实和花萼，病斑初呈水渍状，渐变为红褐色、紫褐色直至黑褐色，单个病斑圆形至椭圆形，直径 2～5 毫米，后期多斑融合成不规则疮痂状，粗糙，严重的龟裂，直径 10～30 毫米或更大。湿度大时，病斑内产生淡红色粉状物，即病原菌的分生孢子盘和分生孢子。

防治要点：

①调入苗木或接穗时要严格检疫。

②发现病果及时摘除，减少初侵染源。

③发病前对重病树喷洒 10％硫酸亚铁液。

④药剂防治。花后及幼果期喷洒 1∶1∶160 倍式波尔多液或 84.1％王铜可湿性粉剂 800 倍液、70％代森锰锌可湿性粉剂 500 倍液等。

132. 石榴青霉病有何症状？如何防治？

石榴青霉病病原菌为真菌。主要危害果实。受害果实表面产生青绿色霉层，造成腐烂，受害果有苹果香味。后期果面变成暗褐色。

防治要点：

①注意防止日灼和虫害。

②采收和贮运期间要轻拿轻放，防止伤口产生。贮运温度 2～4℃，相对湿度 80％～85％为宜。

③药剂防治。采收前 1 周喷洒 50％甲·硫悬浮剂 800 倍液或 50％多菌灵可湿性粉剂 800 倍液等。贮运器具用 50％甲基硫菌灵可湿性粉剂或 50％多菌灵可湿性粉剂 200～400 倍液等消毒。

133. 石榴麻皮病有何症状？如何防治？

石榴麻皮病为综合性病害，主要由疮痂病、干腐病、日灼病、蓟马危害等所致。果皮粗糙，失去原品种颜色和光泽，影响外观，轻者降低商品价值，重者烂果。

防治要点：

石榴的麻皮危害是不可逆的，一旦造成危害，损失无法挽回，生产上应针对不同的原因采取相应的综合防治措施。

①做好冬季清园，消灭越冬病虫。冬季落叶后，结合冬季修剪，彻底清除园内病虫枝、病虫果、病叶进行集中销毁；对树体喷洒 5 波美度的石硫合剂或 1：2：200 倍式波尔多液等。

②果实套袋和遮光防治日灼病。对树冠顶部和外围的石榴用牛皮纸袋进行套袋，套袋前先喷杀虫杀菌混合药剂，既防其他病虫也可有效防治日灼病，于采果前 15～20 天去袋。

③幼果期是防治石榴麻皮的关键时期，主要防治好蚜虫、蓟马、疮痂病、干腐病等。

④药剂防治。春季石榴萌芽展叶后，用 80％代森锌可湿性粉剂 600 倍液或 20％丙环唑乳油 3 000 倍液等消灭潜伏危害的病菌。

134. 石榴黑斑病有何症状？如何防治？

石榴黑斑病病原菌为真菌。发病初期叶面为一针眼状小黑点，后不断扩大，发展为圆形至多角形不规则状斑点，大小为（0.4～1.5）毫米×（2.5～3.5）毫米。后期病斑深褐色至黑褐色，边缘常呈黑线状。气候干燥时，病部中心区常呈灰褐色。叶面散生数个病斑，严重时，病斑相连，导致叶片提早枯落。

防治要点：

①农业防治。结合冬管，清除园内病枝落叶堆沤或烧毁，消灭越冬菌源。

②药剂防治。5月下旬至7月中旬，降水日多，病害传播快，应在晴朗日及时喷药防治，可喷洒20％多·硫胶悬剂500倍液或50％甲基硫菌灵可湿性粉剂1 000倍液、50％多菌灵可湿性粉剂1 200倍液。中后期用25％代森锌可湿性粉剂800倍液对高脂膜300倍液喷雾保护。也可在6月中旬至7月中旬喷洒3次1∶2∶200波尔多液保护，15天1次。

135. 石榴炭疽病有何症状？如何防治？

石榴炭疽病病原菌为真菌。危害叶、枝及果实。叶片染病产生近圆形褐色病斑；枝条染病断续变褐；果实染病产生近圆形暗褐色病斑，有的果实边缘发红，无明显下陷现象，病斑下面果肉坏死，病部生有黑色小粒点，即病原菌的分生孢子盘。在我国南方石榴产区常发生此病。

防治要点：

①选用抗病品种。

②加强管理，雨后及时排水，防止湿气滞留。采用密植单干式，只留1个主干，每公顷栽1 650株，通风好、树势稳定、挂果早、病害轻。

③药剂防治。发病初期喷洒1∶1∶160倍式波尔多液或47％春雷·王铜可湿性粉剂700倍液、30％碱式硫酸铜悬浮

液 600 倍液、25％溴菌清可湿性粉剂 500 倍液、50％甲基硫菌灵可湿性粉剂1 000倍液等。

136. 石榴叶枯病有何症状？如何防治？

石榴叶枯病病原菌为真菌。主要危害叶片。病斑圆形，褐色至茶褐色，直径 8～10 毫米，后期病斑上生出黑色小粒点，即病原菌的分生孢子盘。

防治要点：

①农业防治。加强管理，保证肥水充足，调节地温促根壮树，培肥地力，及时中耕除草。提倡采用覆盖草栽培法和密植单干式方法，每公顷栽1 650株，一棵树只留 1 个主干，保证通风透光，树冠紧凑易控，树势健壮，提高树体抗病能力。

②药剂防治。发病初期喷洒 1∶1∶200 倍式波尔多液或50％多菌灵可湿性粉剂 800 倍液、47％春雷·王铜可湿性粉剂 700 倍液、30％碱式硫酸铜悬浮剂 400 倍液等，10 天左右 1 次，防治 3～4 次。

137. 石榴煤污病有何症状？如何防治？

石榴煤污病病原菌为真菌。主要危害叶片和果实。病部为棕褐色或深褐色的污斑，边缘不明显，像煤斑。病斑有 4 种类型：分枝型、裂缝型、小点型及煤污型。菌丝层极薄，一擦即去。

防治要点：

①农业防治。合理修剪，保证通风透光良好，雨后及时

排水，防止湿气滞留，创造良好的果园生态条件，减少发病条件。冬春季彻底清除园内枯草落叶，减少越冬菌源。

②及时防治蚜虫、粉虱及介壳虫等。

③药剂防治。于点片发生阶段，及时喷洒80％代森锌可湿性粉剂500倍液或50％代森锰锌可湿性粉剂600倍液、65％福美锌可湿性粉剂800倍液、40％多菌灵胶悬剂600倍液、50％乙霉威可湿性粉剂1 000倍液、65％乙霉威可湿性粉剂1 500倍液等，15天左右1次，视病情防治1～2次。

138. 石榴黄叶病有何症状？如何防治？

石榴黄叶病病原为黄化病毒组病毒。主要表现在叶片上，典型症状为叶片顶部首先发黄，逐渐向叶柄部蔓延，发病轻时叶基部叶脉仍为绿色，发病重时全叶鲜黄，叶柄脆，叶片极易脱落。该病与缺氮、缺铁等缺素症所表现出的黄叶不同点是石榴树局部发病，且多是成龄叶片。

防治要点：

①加强果园管理。及时追肥浇水，科学整形修剪，培养合理树形，提高抗病能力。

②对成龄且郁蔽较严重果园，夏季雨后要及时排水。

③及时防治蚜虫、蓟马等刺吸口器害虫，防止交叉传染。

④药剂防治。发病初期及时叶面喷洒10％混合脂肪酸（83增抗剂）水乳剂100倍液或20％病毒A可湿性粉剂500倍液、5％菌毒清水剂200倍液等，可抑制病毒病的发展。

139. 石榴皱叶病有何症状？如何防治？

石榴皱叶病病原疑似病毒或类病毒。主要危害石榴叶片，以大叶类品种症状明显，如白花重瓣、红花重瓣品种等。春季嫩叶抽出时即被害，叶缘向内卷曲，呈现波纹病状，后随叶片生长，卷曲皱缩程度增加，全叶显示症状，叶片变厚、质脆。嫩枝染病，节间缩短，略为粗肿，病枝上常簇生皱缩的病叶，枝条当年只有春梢生长，不再有夏、秋生长。该病多危及1年生枝条。

防治要点：

①加强果园肥水综合管理，增强树势，提高树体抗病能力。

②剪除重病枝，防止病害传播蔓延。

③药剂防治。发病初期喷洒20％病毒A可湿性粉剂500倍液、10％混合脂肪酸（83增抗剂）水乳剂100倍液、5％菌毒清水剂200倍液等，对病害的发生有明显抑制作用。

④及时防治蚜虫、蓟马等刺吸式口器害虫危害，防止病害传播蔓延。

140. 石榴茎基枯病有何症状？如何防治？

石榴茎基枯病病原菌为真菌。成龄树1～2年生枝条基部及幼树（2～4年生）茎基部发生病变，枝条或主茎基部产生圆形或椭圆形病斑，树皮翘裂，树皮表面分布点状突起孢子堆。病斑处木质部由外及内、由小到大逐渐变黑干枯，输导组织失去功能，导致整枝或整株死亡。

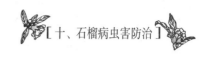

防治要点：

①农业防治。冬春季刮除老树皮石灰水涂干；剪除病弱枝。将刮掉的树皮集中销毁，消灭越冬病虫源。

②冬春药剂防治。结合冬管或于早春喷洒65％代森锌可湿性粉剂600倍液或40％多菌灵胶悬剂500倍液等。

③生长季节药剂防治。于发病初期喷洒50％退菌特800倍液或1∶1∶200的波尔多液、50％甲基硫菌灵可湿性粉剂800倍液、45％噻菌灵悬浮剂1 000倍液、25％腈菌唑可湿性粉剂3 000倍液等。

十一、石榴观光果园

141. 发展城郊观光石榴园有何重要意义？

（1）美化生活，增加休闲空间　观光旅游既可以陶冶情操，消除现代工作上的疲劳，缓解快节奏生活的压力，又能寓教寓乐于其中，观赏自然景色，极大地丰富现代人的精神生活。

（2）发挥果树的新功能　要深度挖掘开发果树资源，发挥果树的新功能。中国是果树资源大国，可以从果树的绿化、观花、赏叶、食果等方面，对果树种质资源进行多方位、多层次的开发利用。

（3）保护生态环境和人文环境　观光果园可以增加造林面积，绿化荒山、荒地和滩涂，增加氧气，调节区域气候，并防止水土流失，抗御自然灾害等；还可以增添旅游业的文化与生态气息，促进旅游业发展，带动相关产业的兴起及地区经济的发展。

142. 城郊观光石榴园的类型有哪些？

观光果园，是果园与公园的有机结合，既有别于传统果园的特点，又有别于现代公园固定模式。它使传统果园生产得以升华，又将现代公园的内容淳朴化，回归于自然。它的出现是经济发展与人类旅游休闲品位拓展的结果。因此，观光果园的成功发展，直接受到地区经济发达程度、交通条件、人的消费观念等因素的影响。从实际发展需要角度考虑，观光果园可划分为以下几个类型。

（1）都市观光果园　此类果园处于经济发达或较发达的城市近郊，因为土地资源极为紧张，力求发展精品的小规模观光果园，便于市民在假日就近休闲娱乐。但总体要求有别于市区公园，使其在市区公园休闲娱乐的基础上，更具有果园的特色，增加果树造景、布景范围和早、中、晚熟品种搭配，做到园中四季硕果累累，花香四溢，显示出浓厚的传统田园气息，以满足城市人追求新、奇、特、异的心理愿望和体验亲手采摘果实的真实感受，引起他们游览观光的兴趣。

（2）旅游观光果园　此类果园处于自然风景区、旅游景点内或附近，具有吸引游人的优势。游人在游玩之后能品尝到具有地方特色的新鲜果品，欣赏到美丽的果园生态景观，既得到休息，又为旅游业增添了一处亮丽的景点。这类观光果园依托自然风景区或旅游景点，以当地特色果树资源观赏为主，休闲为辅，大力发展果园采摘。利用现代园艺科学技术，改善传统果树生产状况，让观光旅游者在风景区游览的同时，又能享受到异地果园生产、果园风光、果园生态赋予的乐趣。

（3）休闲观光果园　休闲观光果园，处于远离大都市的城镇或近郊。这些地方的果园面积较大，可利用现有的果园加以改造融入公园的特色与功能，开辟公园化的果园，使其与经济改革中农村小城镇化建设的绿地规划相协调。在果园中重新规划布局，种花植草，增加观赏类果树的比例，并结合果树整形修剪，使其景色更加丰富多彩，果实更加丰硕亮丽，更具观赏价值。还可修建休闲、娱乐、观赏、游览设施，让果园走向公园化，以便更好地满足现代城镇人的休闲需求。

143. 如何规划城郊观光石榴果园？

典型城郊果业观光园的规划，主要包括以下几个方面：分区规划，交通道路规划，栽培植被规划，绿化规划，商业服务规划，给排水和供配电及通讯设施等规划。因各地城郊观光果园差异较大，故其规划也各有差异。比如对于农业旅游度假区之类果园，规划时还要考虑接待规划等内容。对于依托于特殊地带或植被的果园，其规划还要有保护区规划等内容。

144. 城郊观光石榴园有哪些规划原则？

（1）总体资源（包括人文资源与自然资源）利用相结合　因地制宜，充分发挥当地的区域优势，尽量展示石榴独特的花果并姝景观。

（2）当前效益与长远效益相结合　用可持续发展理念和

生态经济理念指导经营，提高经济效益。

（3）创造观赏价值与追求经济效益相结合　在提高经济效益的同时，注意园区环境的建设，应以体现田园景观的自然、朴素为主。

（4）综合开发与特色项目相结合　在开发农业旅游资源的同时，既突出特色，又注重整体的协调。

（5）生态优先，以植物造景为主　根据生态学原理，充分利用绿色对环境的调节功能，模拟所在区域自然植被的群落结构，打破果业植物群落的单一性。运用多种造景，体现石榴树的多样性。结合中外艺术构图原则，创造一个体现人与自然双重美的环境。

（6）尊重自然，体现以人为本　在充分考虑园区适宜开发度和负载能力的情况下，把人的行为心理和环境心理的需要，落实于规划建设中，寻求人与自然的和谐共处。

（7）展示乡土气息与营造时代气息相结合　历史传统与时代创新相结合，满足游人的多层次需求。注重对传统民间风俗活动与有时代特色的项目，特别是与石榴产业地方特色相关的旅游活动项目的开发，以及乡村环境的展示。

（8）强调对游客参与性活动项目的开发建设　游人在果业观光中是"看"与"被看"的主体。果业观光园的最大特色是，通过游人主体的劳动（活动）来体验和感受劳动的艰辛与快乐，使之成为园区独特的一景。

145. 城郊观光石榴园的规划内容有哪些?

观光石榴园是一种新发展的果树种植园。它属于果园，但又不同于一般的果园。其栽培管理方式不同于传统的种植管理方式，也没有固定的模式可供参照。因此，应根据多年的实践经验，结合石榴树的生物学特性与公园的一般模式，积极实践，大胆创新，把观光果园规划好，管理好，经营好。

（1）观光石榴园的位置选择　要根据不同类型观光石榴园的特点，科学地选择园地。

①观光石榴园应邻近大城市。其园址应选在城市化程度高、交通发达、通讯便利的城市近郊，或适于发展的城镇。

②观光石榴园应依托当地风景区、名胜古迹、文化场所、疗养地、度假村等。发展富有特色的观光石榴园，使之既增加休闲观光的内容，又提高石榴园的观赏价值和经济效益。

③石榴园位置周围环境要好。气候条件、土壤肥力、地下水位、地理位置等要适宜石榴树生长，不能经常有灾害性天气发生。

在选择园址的同时，除应调查建园的可行性、消费层次和消费群体外，还应研究与旅游观光有关的硬件（如高尔夫球场、网球场、酒店、果品店、游乐设施、生产设备、观光车等）与软件（导游、服务、环卫等）设施配套的信息，供管理者考虑投资的方向和额度，制定短期、中期、长期经营目标时参考。另外，由于观光石榴园所处地理位置、人文环境、风景特色、交通通讯、餐饮食宿等因素，直接影响观光石榴园的发展，因此应不断完善这些条件，逐渐吸引不同层次的消费群体和观光旅游者。

（2）不同功能区的划分　目前国内各地各类观光园，其设计创意与表现力不尽相同，而功能分区则大体类似，即遵循果业的三种内在功能联系，进行分区规划。

①提供乡村景观。利用自然或人工营造的乡村环境空间，向游人提供逗留的场所。其规模分三种：大规模的田园风景观光、中规模的果业主题公园和小规模的乡村休闲度假地。

②提供园区景观。如凉亭、假山、鱼池等，这些在与石榴树配置交相辉映，人们在重返大自然追求真实、朴素的自然美的同时，还可以观赏美景、休闲养生、品尝佳果，自我陶醉。

③石榴文化与科普展示区。包括：石榴生物学特性、生产过程、品种培育过程图片；石榴树文化字画，如有关石榴的诗词、著名石榴画、石榴传说等；提供具有乡村生活形式的体验场所，如开展乡村传统庆典和文娱活动、石榴树种植养护活动、乡村会员制俱乐部活动等；提供产销与生活服务，主要是提供果品生产、交易的场所和乡村食宿服务。

石榴观光园的功能分区是突出主体，协调各分区。注意动态游览与静态观赏相结合，保护果业环境。

典型的果业观光园，其空间布局应环绕自然风光展开，形成核心生产区、果业观光娱乐区和外围服务区的"三区结构式"：核心生产区，一般不允许游人进入；中心区为观光娱乐区，把生产与参观、采摘、野营等活动结合在一起，适当地设立服务设施；外围是商业服务区，为游人提供各种旅游服务，比如交通、餐饮、购物、娱乐等。

146. 如何进行石榴观光果园道路规划？

石榴观光果园道路规划包括对外交通、入内交通和内部交通，及其附属用地等方面。

（1）对外交通　是指由其他地区向园区主要入口处集中的外部交通设施，通常包括公路的建造、汽车站点的设置等。

（2）入内交通　是指园区主要入口处向园区的接待中心集中的交通道路。

（3）内部交通　主要包括车行道和步行道等，可根据其宽度及其在园区中的导游作用分为以下3种道路。

①主要道路。主要道路以连接园区中主要区域及景点，在平面上构成园路系统的骨架。在园路规划时应尽量避免让游客走回头路，路面宽度为4～7米，道路坡度一般要小于8%。

②次要道路。次要道路要伸进各景区，路面宽度为2～4米，地形起伏较主要道路大些，坡度大时可作平台、踏步等处理形式。

③游玩道路。游玩道路为各景区内的游玩、散步小路。它布置比较自由，形式较为多样，对于丰富园区内的景观起着很大作用。果园道路要有曲折、有亮点、有"曲径通幽"之感。可有直线型、折线型和几何曲线型。园中的主道和支道是将大石榴园、精品石榴园、奇特景观等有机地融为一体的纽带，通过它体现了整个观光石榴园的精神和品位。

147. 如何进行石榴观光果园果树栽植规划？

石榴树栽植规划是石榴观光园区的主要规划。

（1）生态果区　包括珍稀品种生活环境及其保护区、水土保持和水源涵养林区。

（2）观赏与采摘区　一般位于主游线、主景点附近，处于游览视野范围内，要求石榴树品种、形态、花色等有特殊观赏效果。观光突出观赏效果，宜看、宜拍照。突出空间造型、总体造型、分体造型和个体造型。远看、近看、高看、低看均可成一定的景观或造型。树、花、果均可观赏，给人以美的享受。

①适宜的品种。以石榴树为主，辅以杏、李、柿等具有观赏价值的果树。品种要有特色。主要特点是观光时间长。每个品种的果实在树上挂的时间要长，果形有特色、品质好、果个大或小。要突出石榴的多样性，包括成熟期、果实形状和风味、花色、树姿等。

成熟期多样性：露地成熟期北方地区从 8 月至 10 月，南方地区时间提前，这段时间内树上均有石榴果实。

果实多样性：果色为红、白、紫、青、黄等；籽粒色为红、白、黑等；籽核硬度为硬核、软核、半软为核等。风味甜、酸甜、微酸到酸、涩酸等。

花期与花型多样性：花期从 5 月至 11 月。花型有大花型和小花型，有单瓣花和重瓣花。颜色有红、白、黄、紫、金边等多种花色。

树姿多样性：开张、直立等。

②树形模式。

高低层次：利用不同类型石榴树极矮化砧、矮化砧和乔化砧，建立层次明晰的立体式果园。

一树多品种：一株树上可接嫁早、中、晚不同熟期、不同花色、不同皮色等多个品种，增加观赏性。

盆景造型：石榴干形扭曲，苍劲古朴，千姿百态，自然成景，可以制作观赏盆景。

栽植造型：在栽植时，可按事先设计的形状进行。

③石榴文化。关于石榴方面的文化极其丰厚。有很多传

说、成语、典故等与石榴有关，可以将此与观光和采摘有机结合起来。

④艺术果品。

贴字或画：主要是吉祥如意的字或画，也可是儿童卡通画、十二生肖画或字等。

果实变形：通过一定的模子，改变果实原有的形状，使之变成人们需要的形状，如方形等。

在观光区，树上要挂牌，说明树种、品种、来源、造型内涵等。

（3）生产果区　这是石榴观光园的核心部分，以生产为主，限制或禁止游人入内。一般在规划中，生产果区处在游览视觉阴影区，地形缓，没有潜在生态问题区域。

148. 观光石榴园管理有哪些原则?

观光石榴园管理要规范化、标准化、科技化，实现科技示范和科普教育的功能。

①栽植要标准，美观。

②注重生产艺术果品。采用套袋、铺反光膜、贴字等方法，使果面带有美丽动人的图案或喜庆吉祥的文字，增强果品的艺术观赏性。

③加强病虫害防治，以生物防治为主，合理使用高效、低毒、低残留农药，保证果品生产无污染、无公害。

④土壤培肥采用生草法。

⑤以施有机肥为主，科学施用化肥。

十二、石榴的用途、故事与欣赏

149. 石榴有哪些用途？

石榴种类多，用途广，有鲜食、赏食兼用、加工、观赏等四大类型。其果实中含有丰富的糖类、有机酸、矿物质和多种维生素，除鲜食外也可加工成石榴酒、石榴汁、石榴醋等饮品，且是高档化妆品的上等原料。果、叶、花、根皮、树皮都可入药，叶可制作茶叶。鲜果和加工产品可出口创汇。石榴全身都是宝。

由于石榴这些特点，深受人们的喜爱，在果树生产和园林发展方面独树一帜。从生理特性而言，可以走向公私园林和千家万户；从市场经济而言，可以实现规模化生产，进行全方位产业开发，远销国内外；同时也提高了石榴品位，传承了石榴文化。

150. 石榴有哪些观赏价值?

石榴自西汉张骞出使西域引入我国 2000 多年以来,就和国人的生产、生活和文化结缘。石榴色雅、果丽、韵胜、格高。国人爱榴、寻榴、赏榴、谈榴、咏榴的高雅风尚,世代绵延。

石榴之所以被国人所喜爱,较之其他果树和花卉有许多独特之处。

石榴的生物学特征。其可贵之处在于,花果同姝,其花有红、黄、白各色,在我国南方热带地区 3 月开花,沿黄地区 5 月盛开,古诗词曰:"五月榴花红似火,滚滚醉人波";自南至北旬平均气温高于 14℃ 时开始现蕾开花,各地花期都在 2 个月以上。果实"千膜同房,千子如一",成熟于中秋、国庆两大节日期间,金秋十月,形如灯笼的石榴果挂满枝头,煞是好看,历来被我国人民视为馈赠亲友的喜庆、吉祥之物,象征繁荣昌盛、和睦团结,寓意子孙满堂、后继有人,民间称石榴为"吉祥树"。是典型的果树和观赏植物。

石榴是少数神、态、色、香俱为上乘的花、果于一身的树木。其枝干苍劲,疏影横斜,千姿百态,自然成景;花形文雅,花色艳丽,花香隽永,异彩纷呈。

石榴可发展空间大。既可在适生地区栽植不同规模的专业果园、石榴林、石榴岭,又适合在宅院、四旁丛植、列植、孤植,也可作道路、工矿厂区、公园绿化树种。它树姿古雅,冠美枝柔,花繁久长,果实累累。冠大者,姿可赏、果可食;冠小者,玲珑可爱,特别适合制作果树盆景。近年城市郊区发展休闲农业、观光果园,石榴都是优选树种。

151. 石榴有哪些经济价值?

石榴是不可多得的花果同姝的长寿树种,可享数百年以上高龄。因易产生分蘖苗,更新速度快。一次栽植,可收益效率高。

石榴结果早,见效快。萌芽率高,成枝力强,新梢1年可抽生2~3次副梢。花芽分化时间长,各种类型枝均可形成花芽,花量大,花期长。易坐果,产量稳,坐果期抵御自然灾害能力强,一般1年生苗定植3年结果,如果采取科学的促控措施,第一年种植,第二年即可结果,且大小年现象不明显,经多次更新,结果年限可达数十年。石榴树病虫害较其他许多果树都少,栽培技术要求相对简单,易于丰产。优良品种3年单株产量可达5千克以上,5年进入丰产期,单株产量超过25千克,每公顷密度一般在1 200~1 650株,产量达30~42吨。国内主产区的河南开封、封丘、荥阳,陕西临潼,山东峄城,安徽怀远,四川会理和仁和,云南蒙自和会泽等,石榴已成为当地农村的一项骨干产业,“一亩园十亩田,二亩石榴收万元”,依靠石榴收入年超过万元、脱贫致富的农户并不鲜见。

石榴根皮、果皮及隔膜富含单宁,是印染、制革工业的重要原料。

152. 石榴有哪些药用价值?

石榴根、皮、花和果含有多种营养成分和矿物质,具有很高的药用价值和营养保健价值,除鲜食外,广泛应用于医药、食品加工、美容护肤品利用。

我国古代中医药学对石榴的药用价值多有记载，石榴根、皮、花和果具有性甘、温、酸、涩、无毒的药理作用。现代中医药学研究认为，石榴根、皮、花、果、叶均具有药用价值。

石榴果实：性味甘、酸、温、涩、无毒，入肾、大肠经。有清热解毒、生津止渴、健胃润肺、杀虫止痢、收敛涩肠、止血等功效。甜石榴性温涩，润燥兼收敛，偏重于治疗咽喉干燥、大渴难忍、醉酒不醒等；而酸石榴偏重于治痢疾腹泻、血崩带下、遗精、脱肛以及虚寒久咳、消化不良、虫疾腹痛等症。籽粒可治消化不良。

石榴皮：主要含有苹果酸、单宁、生物碱等成分。味酸、涩，性温，归大肠、肾经，收敛涩肠止泻，是中医常用的涩肠止血、止痢止泻、驱虫杀虫良药。能使肠黏膜收敛，使肠黏膜的分泌物减少，对金黄色葡萄球菌、溶血性链球菌、痢疾杆菌、绿脓杆菌、霍乱弧菌、伤寒杆菌及结核杆菌有明显抑制作用和抗病毒、驱绦虫、蛔虫等作用。可以治疗中耳炎、创伤出血、月经不调、红崩白带、牙痛、吐血、久痢、久泻、便血、脱肛、遗精、崩漏、带下、虫积腹痛以及虫牙、疥癣等症。

根皮：根皮中含有石榴皮碱。性酸涩，温，有毒，具有涩肠、止血、驱虫的功效。对伤寒杆菌、痢疾杆菌、结核杆菌、绿脓杆菌及各种皮肤真菌均有抑制作用，驱蛔要药。主治鼻衄、中耳炎、创伤出血、月经不调、红崩白带、牙痛、吐血、久泻、久痢、便血、脱肛、滑精、崩漏、带下、肾结石、糖尿病、乳糜尿、虫积腹痛、疥癣。内服煎汤，或入散剂。外用煎水熏洗或研末调涂。配砂糖，缓急止泻；配马兜铃，消痔驱虫；配黄连，清热燥湿；配槟榔，驱蛔杀虫。

石榴汁：对防治乳腺癌有特效。

石榴花：性味酸涩而平，主要用于止血，如鼻衄、吐血、创伤出血、崩漏、白带等，并用于治肺痈、中耳炎等病。还用以泡水洗眼，有明目效能。

石榴叶：有治疗咽喉燥渴、健胃理肠、止下痢漏精、止血之功能。用叶片浸水洗眼可治眼疾和皮肤病；用榴叶制作的榴叶茶含有多种氨基酸和维生素，能解毒、保护肝脏、防止血栓及各种出血性疾病，并可降血脂、降血糖，防止肿瘤、心血管病、风湿、贫血。对治疗不思饮食、睡眠不佳、高血压等有奇特疗效。

现代医学研究证明，石榴的药用价值更广泛，保健功能更全面。

石榴汁和石榴种子油中，含有丰富的维生素 B_1、维生素 B_2 和维生素 C，以及烟酸、植物雌激素与抗氧化物质鞣化酸等。

石榴汁含有多种氨基酸和微量元素，有助消化、抗胃溃疡、软化血管、降血脂和血糖，降低胆固醇等多种功能。可防止冠心病、高血压，可达到健胃提神、增强食欲、益寿延年之功效。

石榴种子油对防治癌症和心血管病，防衰老和更年期综合征等医疗作用明显。

石榴种子提取物——多酚（标准含量 50％～70％）是一类强抗氧化剂，具有抗衰老和保护神经系统稳定情绪的作用。有助于改善关节弹力，对抗关节炎和运动伤害炎症的功效；能改善皮肤光滑度和弹性，有助于防止因皮肤弹性流失而出现的过早皮肤皱纹形成（在许多欧洲国家中，妇女将石榴籽多酚作为补充剂服用，以防止皱纹形成和帮助保持皮肤光滑具弹性）；可以降低颈动脉内膜-中膜厚度以及收缩期血压，增强血管壁强度，增进毛细管活力，改善循环，对于中风患者、糖尿病人、关节炎患者、烟民、口服避孕药物妇女和患有腿部肿胀患者有良好疗效；能减轻因糖尿病而引起的视网膜病变并改善视力；有助于防止瘀伤并抑制静脉曲张形成。石榴籽多酚还是直接保护大脑细胞的饮食抗氧化剂之一，孕妇怀孕期间多喝石榴汁可以降低胎儿大脑发育受损的概率；可以帮助改善大脑功能，抵御衰老。

据以色列科学家研究，石榴汁、石榴种子油中含有延缓衰老、预防动脉粥样硬化、降低胆固醇氧化、消除炎症和减缓癌变进程的高水平抗氧化剂，有显著的抗乳腺癌特性和消除动脉中的斑块，可预防和治疗因动脉硬化引起的心脏病。通常体内的胆固醇被氧化、沉积可导致动脉硬化，引发心脏病，如果每天饮用 50～100 毫升石榴汁，连用 2 周，可将氧化过程减缓 40%，并可减少已沉积的氧化胆固醇，即使停止使用，其功效仍可持续 1 个月。研究还发现，无论是榨取的鲜果汁还是发酵后的石榴酒，其类黄酮的含量均超过红葡萄酒。类黄酮可中和人体内诱发疾病与衰老的氧自由基，而从干石榴种子里榨取的多聚不饱和油中石榴酸的含量高达 80%，这是一种非常独特有效的抗氧化剂，可用以抵抗人体炎症的发生。

美国研究人员经一系列实验证明，石榴汁富含非常有效的抗癌物质——高水平的抗氧化剂，对前列腺癌的效果尤其明显，常饮用石榴汁既可防癌，又可治癌。石榴和其他暗红色水果中的色素含有比红酒及绿茶还要高浓度的抗氧化活性物质，这些物质有助于预防可能导致皮肤癌的日晒伤害。

日本医学界用石榴的果实治疗肝病、高血压、动脉硬化，都取得了良好的效果。

因此，石榴作为一种健康水果，石榴汁作为一种健康饮品，已经越来越受欢迎。

但石榴是温性水果，有机盐含量颇多，多食能腐蚀牙齿的珐琅质，其汁液色素能使牙质染黑，并易生痰，甚则成热痢，故不宜过食。凡患有痰湿咳嗽、慢性气管炎和肺气肿等病，如咳嗽痰多，且痰如泡沫的患者以及有实邪及新痢初起者忌食。另外，用石榴皮驱虫时，只能用盐类泻剂，不可用蓖麻油作泻剂，以免发生中毒症状。

153. 与石榴有关的常用民间验方有哪些？

（1）风火赤眼　石榴鲜嫩叶 50 克，加水 500 毫升，煎至 250 毫升，药汁放冷澄清后洗眼。

（2）声嘶、咽干　鲜石榴 1～2 个，去皮，取种子慢慢嚼服，吐核，每日 2～3 次。

（3）口臭、口疮、咽喉炎、扁桃体炎、口腔溃疡　鲜石榴 1～2 个，去皮，取种子捣烂，水煎，滤取汤液，冷后含漱，每日多次。

（4）牙痛　鲜石榴花 15～20 克，水煎后代茶饮用。

（5）肺痈　白石榴花 7 朵、夏枯草 10 克，水煎服。

（6）消化不良、腹泻　①酸石榴 1 个，果肉及籽嚼烂咽下。②鲜石榴皮 15 克，捣烂敷于肚脐神阙穴，12 小时除去，隔 2 小时再敷。此方适用于单纯性小儿消化不良，也可作为腹泻、腹胀、食欲不佳的辅助治疗。③石榴皮 30 克，每日 1 剂，水煎分 2 次服，连服 3～5 剂。小儿酌减。④

石榴皮、茄子根各 30 克，共焙黄研末，每次 3 克，开水冲服，早、晚各服 1 次。小儿酌减。③、④方也适合治疗腹泻。

（7）小儿蛔虫、蛲虫、钩虫、绦虫　石榴皮、槟榔各 10 克，水煎服。

（8）痢疾　①石榴皮、山楂各 30 克，水煎服。②用酸石榴连皮及籽一起捣汁，加茶叶、生姜同煎服用，治疗虚寒久痢。

（9）少儿遗尿　酸石榴 1 个，烧黑，研粉，对红糖冲服，每日 2 次，每次 5 克。

（10）手癣、脚癣、小儿黄水疮、湿疹　果皮 60～150克，加水浓煎，外涂或洗患处，每日多次。

（11）稻田皮炎、浸渣糜烂型皮炎　石榴皮 125 克，地榆 125 克，明矾 250 克，加水 1500 毫升，煎成 500 毫升，加明矾溶解备用，下田前搽手足。

（12）痔疮便血　①将石榴皮炒后研成末，每次服用 9克，每日 3 次。②将石榴煅成炭状，研成细末，加适量白糖拌匀，每日用开水送服 6 克，每日 2 次。

（13）脱肛　①石榴皮 30 克，明矾 15 克，水煎后洗患处。②石榴皮、陈壁土，加白矾少许，浓煎熏洗，再加五倍子炒研敷托上之。③石榴皮 15 克，水煎汤，先熏后洗。

（14）醉酒　对饮酒过量者，食酸石榴解酒效果很好。

（15）关节炎　石榴中的抗氧化物能减少导致发炎的白细胞的含量，阻碍酵素侵蚀软骨，它是维持关节完整与功能的有效营养补充品，常饮石榴汁对治疗关节炎很有效。

（16）白带及月经多　取新鲜石榴皮 100 克，水煎，加适量蜂蜜调服，每日 1 剂，15 日为 1 疗程。

154. 与石榴有关的兽用验方有哪些?

（1）猪肠胃炎　选石榴皮、柿树皮、枣树皮各 30 克，用水煎冲红糖 60 克灌服，疗效很好。

（2）预防禽流感　石榴汁中含有高水平抗氧化剂，其抗氧化剂活性指数为 3.1，在新鲜水果中排第 8 位，仅次于山楂、猕猴桃、草莓等，高于苹果、梨、桃，喂食禽类可控禽流感发生。

（3）驱除畜禽体内的绦虫　用 150～200 克干石榴皮，加入适量的水，用文火煎成一碗汤，放凉后，在 30 分钟内分 2 次给畜禽灌服。

155. 石榴有哪些综合利用价值?

石榴果实营养丰富，籽粒中含有丰富的糖类、有机酸、蛋白质、脂肪、矿物质、维生素等多种人体所需的营养成分。据分析，石榴果实中含碳水化合物 17%，水 70%～79%，石榴籽粒出汁率一般为 87%～91%，果汁中可溶性固形物含量 15%～19%，含糖量 10.11%～12.49%；果实中含有苹果酸和枸橼酸，含量因品种而不同，一般品种为 0.16%～0.40%，而酸石榴品种为 2.14%～5.30%。每 100 克鲜汁含维生素 C 11～24.7 毫克以上（比苹果高 1～2 倍），磷 8.9～10 毫克，钾 216～249.1 毫克，镁 6.5～6.76 毫克，钙 11～13 毫克，铁 0.4～1.6 毫克，单宁 59.8%～73.4%，脂肪 0.6～1.6 毫克，蛋白质 0.6～1.5 毫克，还含有人体所必需的天门冬氨酸等多种氨基酸（表 10）。除鲜食外，破壳取汁，可加工成甜酸适口、风味独特的石榴酒、石榴汁、石榴露、石榴醋等饮品。酸石榴品种以加工为主，而软籽类品种，由于其核软加工方便，更适合作加工型品种。

表10 酸石榴氨基酸含量分析

氨基酸类别	含量（毫克/千克）	氨基酸类别	含量（毫克/千克）
天门冬氨酸	143	异亮氨酸	41
苏氨酸	39	亮氨酸	62
丝氨酸	86	酪氨酸	13
谷氨酸	351	苯丙氨酸	117
甘氨酸	77	赖氨酸	67
丙氨酸	70	组氨酸	40
缬氨酸	58	精氨酸	70
蛋氨酸	23	脯氨酸	23
总和	1 280		

石榴果皮、隔膜及根皮、树皮中含鞣质平均为22％以上，可提取栲胶，既能作鞣皮工业的原料，也可作棉、麻等印染行业的重要原料。

石榴全身都是宝，可以搞综合开发利用。

（1）石榴酒

工艺流程：

```
                              糖
                              ↓
       皮渣→发酵→蒸馏→石榴白兰地
                              ↑
石榴→去皮→破碎→果浆→前发酵→分离→后发酵→储存→过滤
→调整→热处理→冷却→过滤→储存→过滤→装瓶、贴标、入库
```

操作要领：

①原料处理与选择。选择鲜、大、皮薄、味甜的果实，去皮，破碎成浆，入发酵池，留有 1/5 空间。

②前发酵。加一定量的糖，适量二氧化硫。加入 5%～8% 的人工酵母，搅拌均匀，进行前发酵。温度控制在 25～30℃，时间 8～10 天，然后分离，进行后发酵。

③后发酵陈酿。前发酵分离的原液，含糖量在 0.5% 以下，用酒精封好该液体进行后发酵陈酿。时间 1 年以上。分离的皮渣加入适量的糖进行二次发酵。然后蒸馏到白兰地，待调酒用。

④过滤、调整。对存放 1 年后的酒过滤，分析酒度、糖度、酸度，接着按照标准调酒，然后再进行热处理。

⑤热处理。将调好的酒升温至 55℃，维持 48 小时，而后冷却，静置 7 天再过滤。

⑥冷却、过滤、储存、过滤、装瓶、杀菌入库。为增加酒的稳定性，应再对过滤的酒进行冷处理，再过滤储存，然后再过滤装瓶。在 70～72℃ 下维持 20 分钟杀菌，后贴封入库。

质量标准：

①感官指标。色泽橙黄，澄清透明，无明显悬浮物和沉淀物。具有新鲜、愉悦的石榴香及酒香，无异味，风味醇厚，酸甜适口，酒体丰满，回味绵长。具有石榴酒特有的风味。

②理论指标。酒度（20℃）10%～12%；糖度每 100 毫升 10～16 克；酸度每 100 毫升 0.4～0.7 克；挥发酸每 100 毫升 <0.1 克；干浸出物每 100 毫升 >1.5 克。

（2）石榴甜酒

原料：

石榴、香菜籽、芙蓉花瓣、柠檬皮、白糖、脱臭酒精。

工艺流程：

脱臭酒精、砂糖

↓

石榴→洗净→挤汁→配制→储存→过滤→储存→石榴甜酒

↑

柠檬皮、香菜籽、芙蓉花瓣

操作要领：

①原料处理。选择个大、皮薄、味甜、新鲜、无病斑的甜石榴，出汁率在30%以上。洗净，挤汁。

②配制。将石榴汁与其他原料一起装入玻璃瓶内，封闭，严密防止空气进入，放置1个月。期间应常摇晃瓶子，使原料调和均匀。

③过滤。将放置1个月的初酒滤入深色玻璃瓶内，塞紧木塞，用蜡、胶封严。5个月后可开瓶，经调和即可饮用。

质量标准：

①感官指标。金黄色，澄清透明，无明显悬浮物，无沉淀。风味酸甜适口，回味绵长。酒体醇厚丰满，有独特风味。

②理论指标。酒度（20℃）10%～12%；糖度（葡萄糖）每100毫升10.0～16.0克；酸度（柠檬酸）每100毫升0.4～0.7克；挥发酸每100毫升<0.1克；干浸出物每100毫升>1.5克。

（3）石榴茶　石榴叶经炮制，是上等茶叶，长期饮用具有降压、降血脂功效。

①石榴茶的药理作用。石榴主要分榴叶茶和榴皮茶。具有调节女性内分泌、健忘失眠、治疗贫血、解毒、保肝、护

胆、养胃、防止血栓、抗坏血病及各种出血性疾病，并可降血脂、降血糖、防止肝瘤、风湿。以及对综合调理、美体塑身、亚健康患者、疲劳综合征患者、脑力劳动者、饮酒者都有良好的药理作用。

②不同石榴茶的营养成分及功效。石榴叶茶，以清明前后的鲜嫩石榴嫩叶为原料，运用现代制茶新工艺加工而成。富含多种氨基酸、维生素、槲皮素、番石榴苷、番石榴酸、挥发油丁香油酚等。具收敛、止泻、消炎功能，对泄泻、久痢、肠炎、肠胃溃疡、湿疹、瘙痒有明显效果。并能软化血管、降血脂和血糖，降低胆固醇，类似银杏叶；同时具有耐缺氧，迅速解除疲劳的效果。泡茶饮用，其味清香、醇厚可口、解渴生津、消炎安神。

石榴皮茶，以鲜石榴皮或去籽晒干的石榴皮为原料，煎汤或沸水冲泡，代茶频饮。主治慢性菌痢、阿米巴痢疾、慢性结肠炎之久泻、久痢、脱肛等。

（4）石榴药酒　用酸石榴7枚，甜石榴7枚，人参、黄参、沙参、丹参、苍耳子、羌活各60克，白酒1 000毫升。将前8味，二石榴捣烂，余药切碎，共入布袋，置容器中，加入白酒，密封，浸泡7～14天后，过滤去渣，即成。主要功效：益气活血、祛风刮湿、解毒避瘟。每顿饭前温服20毫升，可以治疗中风、头面热毒、皮肤生疮、颜面生结、眉毛脱落。

（5）石榴护肤美容　石榴果实蕴含丰富的石榴多酚和花青素两大强效抗氧化成分，而多酚类物质能有效中和自由基，起到排毒修护和抗衰老功能，作为护肤美容的添加剂，可有效帮助肌肤排出毒素，促进细胞新陈代谢，一扫暗沉与疲惫，减退疲劳及倦怠痕迹，帮助肌肤重燃活力、恢复光泽和弹性，堪称肌肤的营养能量源。

添加有石榴成分的自然美容护肤品在爱美的俊男靓女中很流行。美国科学家认为石榴是一种神奇的水果，石榴中含有的高水平抗氧化物质，被认为是"人类已知的最具有抗衰老作用的东西"。加入石榴成分的日用防晒护肤品，不仅有石榴的香味，还可以抵御日光辐射，预防皮肤衰老，其防晒效果可提高21%。

156. 如何巧食石榴花、石榴果皮？

食用石榴花对于治疗肺热咳嗽、津伤口渴、久泻不止、下血脱肛、崩漏带下、肠胃不适等有一定功效。经常食用石榴花可抑制黑色素生成，使皮肤光洁柔润，延缓皱纹的生成，为天然美容佳品。

石榴雌性败育花量很大，且花期长达2个月以上，可以大量采摘食用，且不影响正常的授粉作用。石榴花可以直接采摘后食用，也可以采摘后用保鲜袋包装置于冰箱或保鲜冷库中存放后食用。

保鲜石榴花在做菜食用前，把袋拆开，用清水漂洗干净后配菜。

石榴花入菜味道清香，凉拌尤显原生味道，亦可配腊肉、火腿片等各种肉类炒，或素菜炒、海鲜炒，也可烹饪石榴花汤，味道鲜美可口。以下为几款家庭常用石榴花制作食品。

①凉拌石榴花。保鲜石榴花200克，生菜300克。生菜切丝拌入石榴花，放入香油、盐少许，鸡精少许，拌匀即可食用。中医认为，石榴花可清肺泄热、养阴生津、解毒、健

胃、涩肠。经常上火或胃口不佳者，可多食凉拌石榴花。

石榴花也可与其他蔬菜相配，制作成不同风味、口感、色泽的精美凉拌菜。

②石榴花炒酱肉。保鲜石榴花 200 克，五花肉 500 克，韭菜少许，干辣椒少许。油热放入五花肉翻炒，放入大酱炒至九成熟时，加入石榴花，翻炒几下，放入少许盐、韭菜，即可起锅。

③石榴花炒田螺。保鲜石榴花 200 克，新鲜田螺 400 克，干辣椒适量，葱段少许。油热放入葱段、干辣椒爆香，放入新鲜田螺炒至八成熟时，加入保鲜石榴花，翻炒至热，放入少许盐即可起锅。

④石榴花炒鸡杂。保鲜石榴花 200 克，新鲜鸡杂 500 克，新鲜辣椒适量，葱段少许，姜少许。油热放入葱段、姜、新鲜辣椒爆香，放入新鲜鸡杂炒至八成熟时，加入石榴花，翻炒至热，放入少许盐即可起锅。

⑤石榴皮药膳粥。大米、水适量放入锅中同煮，至大米烂熟，放入鲜荠菜、石榴皮停火，调入适量蜂蜜，即成药膳粥。具有清肺泄热、养阴生津、健脾胃的功效。

157. 石榴有哪些生态价值？

石榴适应性很强。其耐干旱、耐瘠薄、耐盐碱、好栽培、易管理、易贮藏，对土壤及不同立地条件的适应性较广，无论山地、丘陵、平原都可种植，具有广泛的适应性。由于其适应性强、分布范围较广，世界上有 70 多个国家生产石榴，我国 20 多个省、自治区、直辖市有石榴栽培。

石榴树对二氧化硫、氯气、硫化氢等有害气体有较强的抗性和吸收作用。家中放置一盆石榴盆景，不但能净化室内空气，而且绿的叶、红的花、艳的果，更为居室平添了几分高雅和生机。

158. 我国有哪些城市以石榴为市花？

石榴又被称作"地球美丽的衣裳"。石榴花是我国河南省新乡市、驻马店市，陕西省西安市，安徽省合肥市，湖北省黄石市、十堰市、荆门市，山东省枣庄市，江苏省连云港市，浙江省嘉兴市等许多城市的市花。

石榴花是西班牙、利比亚两国的国花。在西班牙50万平方千米国土上，无论是平原山地、市镇乡村，还是公园厂区、田地路旁，到处都有石榴栽植。

159. 关于石榴传播友谊的故事有哪些？

自古以来，石榴都是传播文明和友谊的使者。我国西汉时期，张骞作为汉朝的使臣多次出使西域（现伊朗、阿富汗等中亚地区），各国使节、商人也通过丝绸之路来往频繁，官方交往和商人通商将中原文化通过丝绸之路传播到了西域各国，同时也将西域的很多奇花异草带回了中原。据史书记载，原产现伊朗、阿富汗等中亚地区的石榴就是当时传入我国的。汉代司马相如的《上林苑》记有"初修上林苑，群臣远方各献名果异树，亦有制其美名，以标奇丽，梨十株……安石榴十株"。元稹《感石榴二十韵》里有"何年安石国，万里贡榴花"的名句。因此说，石榴承载了传播东西方友谊的重要使命毫不为过。历朝历代，石榴作为礼品，承载主人友谊相送亲友的例子数不胜数。20世纪60年代初，印度尼西亚华侨归国观光团赠送福建的一批花果苗木中，有一种无籽香石榴，定植后次年开花结果，果大肉黄，具苹果香，味甜无籽，堪称石榴极品，现在在周边地区广泛栽植。

160. 关于石榴来源和张骞的故事有哪些？

汉武帝时候，张骞出使西域，住在安石国的宾馆里。宾馆门口有一株花红似火的小树，张骞非常喜爱，但从没见过，不知道是什么树，园丁告诉他是石榴树。张骞一有空闲就要站在石榴树旁欣赏石榴花。后来，天旱了，石榴树的花叶日渐枯萎，于是张骞就担水浇那棵石榴树。石榴树在张骞的灌浇下，叶也返绿了，花也伸展了。

张骞在安石国办完公事，准备回国。回国前的那天夜里，正在屋里画通往西域的地图。忽见一个红衣绿裙的女子推门而入，飘飘然来到跟前，施了礼说："听说您明天就要回国了，奴愿跟您同去中原。"张骞大吃一惊，心想准是安石国哪位使女要跟他逃走，身在异国，又为汉使，怎能惹此是非，于是正颜厉色说："夜半私入，口出乱语，请快快出去吧！"那女子见张骞撵她，怯生生地走了。

第二天，张骞回国时，安石国赠金他不要，赠银他不收，单要宾馆门口那棵石榴树。他说："我们中原什么都有，就是没有石榴树，我想把宾馆门口那棵石榴树起回去，移植中原，也好做个纪念。"安石国国王答应了张骞的请求，就派人起出了那棵石榴树，同满朝文武百官给张骞送行。

张骞一行人在回来的路上，不幸被匈奴人拦截，当杀出重围时，却把那棵石榴树失落了。人马回到长安，汉武帝率领百官出城迎接。正在此时，忽听后边有一女子在喊："天朝使臣，叫俺赶得好苦啊！"张骞回头看时，正是在安石国宾馆里见到的那个女子，只见她披头散发，气喘吁吁，白玉般的脸蛋上挂着两行泪水。张骞一阵惊异，忙说道："你为何不在安石国，要千里迢迢来追我？"那女子垂泪说道："路途被劫，奴不愿离弃天使，就一路追来，以报昔日浇灌活命之恩。"她说罢"扑"地跪下，立刻不见了。就在她跪下去的地方，出现了一棵石榴树，叶绿欲滴，花红似火。汉武帝和众百官一见无不惊奇，张骞这才明白了是怎么回事，就给武帝讲述了在安石国浇灌石榴树的前情。汉武帝一听，非常喜悦，忙命武士刨起，移植御花园中。从此，中原就有了石榴树。

161. 关于石榴与爱情的故事有哪些？

石榴、石榴花自古以来成就了太多的爱情故事，历朝历代，多少文人墨客都以石榴、石榴花留下了脍炙人口的爱情故事和诗篇。

曹植《弃妻诗》曰：石榴植前庭，绿叶摇缥青。翠鸟飞来集，拊翼以悲鸣。

杨玉环与唐明皇的爱情故事人所共知。传说杨玉环因酷爱石榴花、爱吃石榴、爱穿石榴裙，传下了"拜倒在石榴裙下"的戏谑传说。可怜她红颜薄命，身死他乡。刚刚还是繁花似锦，转眼就是曲终人散，一片狼藉。晚年的李三郎只私藏着杨玉环留下的香囊，那个善舞的女子，与她石榴裙一起，早已消失在世间。

唐李元纮在《相思怨》里也写道："望月思氛氲，朱衾懒更熏。春生翡翠帐，花点石榴裙。燕语时惊妾，莺啼转忆

君。交河一万里,仍隔数重云。"

而武则天在《如意娘》中有:"看朱成碧思纷纷,憔悴支离为忆君。不信比来长下泪,开箱验取石榴裙。"表达了武则天深入骨髓的深情与幽怨,也不知道是谁辜负我们历史上唯一的女皇帝,令她在情事上也如此不堪凄苦。

我国南方少数民族青年男女谈情说爱喜欢对唱山歌,好多山歌都是以"石榴开花"来开头的。比如男的唱:"石榴开花叶子清,唱支山歌来表心。要是妹妹你瞧得着,明天的裙子新又新。""石榴开花叶子薄,想起妹妹睡不着。只能放在心中想,不能放在口中说。"要是女的也有意,就会以歌来应和:"石榴开花叶子清,山歌唱来给妹听。哥哥要是懂妹心,明日就换石榴裙。"

162. 石榴为何有"多子多福"的寓意?

石榴果在中国传统文化中,有着深刻的象征意义。中国人逢遇喜庆吉祥,偏好讨个"口彩"。这其中就应用了汉语的一个重要特征:汉字有许多读音相同、字义相异的现象。利用汉语言的谐音,可以作为某种吉祥寓意的表达。如迎娶新娘子时要放些枣、花生、桂园、莲子,寓意"早生贵子"。而"榴开百子",也具有相同的意思。以石榴比喻子孙满堂的故事最早见于我国历史上的北齐时。据《北齐书·魏收传》记载,文宣帝太子安德王延宗娶魏收女为妃,魏收之妻献石榴2枚,文帝问其意,魏笑曰:恭喜陛下,石榴多籽,太子新婚,此喻王室兴旺,多子多福。文帝听后大喜,重赏魏收。后人以石榴喻"子孙满堂""后继有人",一直沿用至今。

163. "拜倒在石榴裙下"的说法源于哪里？

古往今来，人们留下了许多关于石榴的美丽传说。古代年轻妇女最喜爱的是一种鲜艳的红色百褶长裙，这种裙子是用茜草、红花、苏木染成，因为颜色看起来像石榴花之红，所以人们把这样的裙子叫做石榴裙。穿之尽显服饰之优雅，姿容之娇丽。"拜倒在石榴裙下"源于石榴裙底一词，语出我国历史上南朝时期梁国何思澄的《南苑出美人》："媚眼随娇合，丹唇逐笑兮。风卷葡萄带，日照石榴裙，自有狂夫在，空持劳使君。"意思是红得像石榴一样的裙子，后来逐渐将男士对年轻美眉的倾慕追求引申为出色美女的脚下，比喻为"拜倒在石榴裙下"。

拜倒在石榴裙下的另一种说法：传说在唐天宝年间，杨贵妃非常喜爱石榴花，唐明皇投其所好，在华清池西绣岭、王母祠等地广泛栽种石榴。每当榴花竞放之际，这位风流天子即设酒宴于"炽红火热"的石榴花丛之中。杨贵妃饮酒后，双腮绯红，唐明皇爱欣赏宠妃的妖媚醉态。因唐明皇过分宠爱杨贵妃，不理朝政，大臣们不敢指责皇上，则迁怒于杨贵妃，对她拒不使礼。杨贵妃无奈，依然爱赏榴花、爱吃石榴，特别爱穿绣满石榴花的彩裙。一天，唐明皇设宴召群臣共饮，并邀杨贵妃献舞助兴。可贵妃端起酒杯送到明皇唇边，向皇上耳语道："这些臣子大多对臣妾侧目而视，不使礼、不恭敬，我不愿为他们献舞。"唐明皇闻之，感到宠妃受了委屈，立即下令：要求所有文官武将，见了贵妃一律使礼，拒不跪拜者，以欺君之罪严惩。众臣无奈，凡见到杨贵妃身着石榴裙走来，无不纷纷下跪使礼。于是，"跪拜在石榴裙下"的典故流传至今，成了崇拜女性的俗语。

164. 关于石榴的神话传说的哪些？

南宋时祝穆编撰的经济、文化、风俗、民情、地理类书《方舆胜览》中记载的一个故事，与《桃花源记》所载内容大致相似：福建省东山县有个榴花洞，唐代永泰中期，樵夫兰超一日在闽县东山中狩猎，追赶一只白鹿至榴花洞，渡水入石门，入洞门走过一段狭窄不平的路段后，忽然是一块宽阔的平地，里边绿树成荫、鸟语花香、鸡犬人家、人间仙境。其间有人过来对兰超说："我们乃避秦人也，留你在这里，可以吗？"兰超说："我要回去与亲人告别后才能来。"榴花洞人就以一枝榴花相送。兰超出来后，好像在梦中一样。回家安置好后再来，竟然已找不到了。

165. 关于石榴花神有何传说？

石榴在我国中原地区盛开于农历五月，是当令之花，因此它被列入五月的"月花"，并被称为五月的"花中盟主"，所以五月又称为"榴月"。此时天气燥热，许多疾病开始流行，在古代科技不发达情况下，人们认为瘟疫是由恶鬼邪神带来的，所以需要有能力的神来镇守。民间传说中的"鬼王"钟馗，生前性情暴烈正直，死后更誓言除尽天下妖魔鬼怪。其疾恶如仇的火样性格，恰如石榴迎火而出的刚烈性情，大家便把能驱鬼除恶的钟馗视为石榴花的花神。所以民间所绘的钟馗像，耳边往往都插着一朵艳红的石榴花，就是以钟馗火样的性格来当火样的石榴花神。

166. 石榴花有哪些品格？

石榴具有独特的品格和气质。春天，红花品种新叶红嫩，白花品种新叶如宝石般的碧绿，"浓绿万枝红一点，动人春色不须多"，摘下刚抽嫩芽，制成甜茶，芳香止渴又防病；盛夏酷暑，仍花繁似锦，红的如火，白的晶莹剔透，昂首挺立在烈日中，"绿叶成荫子满枝"、"一朵佳人玉钗上，只疑烧却翠云鬟"，因兼花果之胜，被尊为农历五月的"花中盟主"；秋天，是收获的季节，石榴果也笑开了口，露出玛瑙般的籽粒，"雾谷作房珠作骨，水精为醴玉为浆"，显示它的冰清玉洁和非同凡品的美味；冬天，万木凋零，它傲然立于严寒之中，北方地区冬天地上部分偶有冻死，但当春暖花开，基部又萌生出新枝，焕发出勃勃生机，显示出不屈不挠的强大生命力，鼓舞着人们积极向上、自强不息。

附　　录

一、果用石榴品种简介

1. 蜜露软籽　由冯玉增等人选育。

树冠圆形，树形紧凑，枝条密集，树势中庸；成枝力一般，5 年生树冠幅/冠高＝3.5 米/3.6 米。树干表皮纹路清晰，纵向排列，有瘤状突起并有块状翘皮脱落；幼枝浅红色，老枝灰褐色，枝条绵软，针刺少、绵韧；幼叶浅红色，成叶浓绿，长椭圆形，长 7～8.0 厘米，宽 1.7～2.0 厘米。花瓣红色 5～6 片，完全花率 48.6%，坐果率 62%。果皮红色，果面光洁；果实圆形稍扁，果形指数 0.94，果底平圆，萼筒圆柱形，高 0.5～0.7 厘米，径 0.6～1.2 厘米，萼片开张 5～6 片；最大果重 850 克，平均 310 克；籽粒浓红色，核软，成熟时有放射状针芒，百粒重平均 50.1 克，最大 62 克。单果子房数 4～12 个，皮厚 1.5～3 毫米，可食率 64.5%，果皮韧性较好，一般不裂果；风味酸甜适口，可溶性固形物含量 17% 左右，含糖量 13.58%，含酸量 0.22%，每千克含维生素 C74.4 毫克、铁 3.08 毫克、钙 53.3 毫克、磷 410 毫克。该品种主要优点之一就是后期坐的果果实小而籽粒相应减少，但籽重仍较高，保持了大粒特性，可食率仍较高。果实成熟期为 9 月下旬至 10 月上旬。

扦插苗栽后 2 年见花，3 年结果，单株 5 千克以上，第五年单株产量达 25 千克以上，逐渐进入盛果期。10 年生大树单株年产量超过 100 千克。

适生范围广，抗病，抗旱，耐瘠。在绝对最低气温高于 -17℃，≥10℃的年积温超过 3 000℃，年日照时数超过 2 400 小时，无霜期 200 天以上的地区，均可种植。

2. 蜜宝软籽 由冯玉增等人从大红甜品种芽变中选育而来。

树势健壮，成枝力强，树形开张，枝条柔韧密集，5 年生冠幅/冠高＝4.2 米/3.8 米。幼叶浓红色，成叶窄长，深绿。幼枝褐红色，老枝浅褐色，刺枝绵韧，未形成刺枝的枝梢冬季抗寒性稍差。主干及大枝扭曲生长，有瘤状突起，老皮易翘裂。花红色，花瓣 5～7 片，总花量大，完全花率 42％左右，自然坐果率 60％左右。果皮艳红色，果实近球形，果形指数 0.95；萼筒圆柱形，萼片 5～7 裂，多翻卷。平均果重 320 克，最大果重 1050 克；子房 8～13 室，籽粒艳红，核软，出籽率 61％，百粒重 43 克，出汁率 88.3％，可溶性固形物含量 16.5％左右，风味酸甜爽口，成熟期 9 月下旬，5 年生树平均株产 28.6 千克。

抗寒、抗旱、抗病、耐贮藏，抗虫能力中等。不择土壤，在平原农区、黄土丘陵、浅山坡地，肥地、薄地均可正常生长，适生范围广，丰产潜力大。适栽地区同蜜露软籽。

3. 豫石榴 1 号 由冯玉增等人选育而成，河南省林木良种审定委员会审定。

树形开张，枝条密集，成枝力较强，5 年生树冠幅 4 米、冠高 3 米。幼枝紫红色，老枝深褐色；幼叶紫红色，成叶窄小，浓绿；刺枝坚硬且锐，量大；花红色，花瓣 5～6

片，总花量大，完全花率 23.2%，坐果率 57.1%。果实圆形，果皮红色。萼筒圆柱形，萼片开张，5～6 裂；平均果重 270 克，最大 1100 克。子房 9～12 室，籽粒玛瑙色，出籽率 56.3%，百粒重 34.4 克，出汁率 89.6%，可溶性固形物含量 14.5%，风味酸甜。成熟期 9 月下旬。5 年生平均株产 26.6 千克。该品种抗寒、抗旱、抗病、耐贮藏、抗虫能力中等。适栽地区同蜜露软籽。

4. 豫石榴 2 号　选育和审定过程同豫石榴 1 号。

树形紧凑，枝条稀疏，成枝力中等，5 年生树冠幅/冠高＝2.5 米/3.5 米；幼枝青绿色，老枝浅褐色。幼叶浅绿色，成叶宽大，深绿。刺枝坚韧，量小。花冠白色，单花 5～7 片，总花量小，完全花率 45.4%，坐果率 59%。果实圆球形，果形指数 0.90，果皮黄白色、洁亮。萼筒基部膨大，萼 6～7 片。平均果重 348.6 克，最大 1 260 克。子房 11 室，籽粒水晶色，出籽率 54.2%，百粒重 34.6 克，出汁率 89.4%，可溶性固形物含量 14.0%，糖酸比 68：1，味甜。成熟期 9 月下旬。5 年生树平均株产 27.9 千克。适栽地区同蜜露软籽。

5. 豫石榴 3 号　选育和审定过程同豫石榴 1 号。

树形开张，枝条稀疏，成枝力中等，5 年生树冠幅/冠高＝2.8 米/3.5 米；幼枝紫红色，老枝深褐色。幼叶紫红色，成叶宽大，深绿。刺枝绵韧，量中等。花冠红色，单花 6～7 片，总花量少，完全花率 29.9%，坐果率 72.5%。果实扁圆形，果形指数 0.85，果皮紫红色，果面洁亮。萼筒基部膨大，萼 6～7 片。平均果重 282 克，最大 980 克；子房 8～11 室，籽粒紫红色，出籽率 56%，百粒重 33.6 克，出汁率 88.5%，可溶性固形物含量 14.2%，糖酸比 30：1，味酸甜。成熟期9月下旬。5年生树平均株产23.6千克。适栽地区同蜜露软籽。

6. 河阴软籽 原产于河南省荥阳县。

树势强健，树姿开张。嫩梢红色。花红色，单轮着生。雌蕊黄绿色。平均单果重324克，最大果重达861克。果实扁球形，果形指数为0.83。底色绿黄，阳面有红晕。果皮厚4.2毫米左右，皮韧，用手不能剥皮。籽粒淡红至鲜红色，籽粒大而长，平均百粒重48～65克，核极软。可食率为58.6%，出汁率为91.4%，含可溶性固形物15%～18%，糖酸比为35∶1，酸甜味浓，有香气，品质上等。成熟前无落果，有极轻裂果。极耐贮藏，常温下塑料薄膜小包装，果实可贮至次年4月。5月5日开花，10月中旬成熟，11月上旬落叶，为晚熟品种。抗寒性强，抗病性强，适应性广。自花结实，丰产稳产，最高株产达125千克以上。适栽地区同蜜露软籽。

7. 突尼斯软籽 林业部于20世纪80年代中期从突尼斯引进。

果实圆形，微显棱肋，平均单果重406.7克，最大650克；萼筒圆柱形，萼片5～7枚，闭合或开张；近成熟时果皮由黄变红。成熟后外围向阳处果面全红，间有浓红断条纹，背阴处果面红色占2/3。果皮洁净光亮，个别果有少量果锈，果皮薄，平均厚3毫米，可食率61.8%，籽粒红色，核特软，百粒重56.2克，出汁率91.4%，含糖量15.5%，含酸量0.29%，维生素C含量为19.7毫克/千克，风味甘甜，品质优。成熟早。

树势中庸，枝较密，成枝力较强，4年生树冠幅2米、冠高2.5米。幼嫩枝红色，有4棱，老枝褐色，侧枝多数卷

曲。刺枝少。幼叶紫红色，叶狭长，椭圆形，浓绿。花红色，花瓣5～7片，总花量较大，完全花率约34％左右，坐果率约占70％以上。8月中旬果实成熟。

抗旱，择土不严，但抗病性、抗寒性较差，南方多雨地区病害重，北方冬季又易受冻害。发展区域受限制。

8. 泰山红　于1984年在泰山南麓一庭院内发现，母株树龄已有140余年。该树几经主枝更新，树高6米，冠径4～5米，4主枝丛状形，枝条开张性强。叶大宽披针形。叶柄短，基部红色。花红色单瓣。

果实大，果径8～9厘米，一般单果重400～500克，最大果重750克。果实近圆形或扁圆形。果皮鲜红，果面光洁而有光泽，外形美观。萼片5～8裂，幼果期萼片开张，随果实发育逐渐闭合。果皮薄，厚度为0.5～0.8厘米，质脆，籽粒鲜红，粒大肉厚，平均百粒重54克，可溶性固形物含量17％～19％，味甜微酸，籽核半软。风味极佳，品质上等。成熟期不易裂果。果实较耐贮藏。

在当地于6月上中旬开花，9月下旬至10月初果实成熟，开花期和果实采收期比一般品种晚。

抗旱，耐瘠薄，缺点是萼筒粗而大，商品外观差，易被桃蛀螟钻蛀为害。适于山丘有防风防寒的小气候区或庭院内栽培。

9. 峄城软籽　原产于山东省枣庄市峄城区。

树体较小。树势较弱，枝条紊乱，针刺少。果实近球形，单果重210～430克，最大者达500克。果面黄绿色，阳面有红晕，并有褐黑色的斑点连成片状。果皮厚2.5～3.0毫米。每果平均有籽粒217粒。籽粒为白色或粉红色，三角形，中大，排列紧密，味甘甜，核软，含糖量10％～13％，品质中上。果实于8月下旬成熟。

适应性较强,较耐干旱,但在生长季节需要有充足的水分。雨水充足的年份,花开得整齐;如水分不足,则易出现干果及落果现象。果实成熟以前,适宜干燥天气。在花期遇雨,对授粉不利,影响坐果。较耐寒,极端最低温度−16℃以下地区不宜发展。

10. 峄城大青皮甜 原产于山东省枣庄市峄城区,当地主栽品种。

树体较大,树冠高4~5米,树姿半开张,萌芽力中等,成枝力强。果实近球形,果形指数0.91,一般单果重630克,最大者达1520克。萼筒短,果面较光滑,黄绿色,阳面有红晕。果皮厚2.5~4.0毫米。每果平均有籽粒431~890粒,籽粒鲜红色或粉红色,百粒重44克,甜味浓,汁多,可溶性固形物含量11%~16%。果实于9月下旬至10月上旬成熟,果实耐贮运。

适应性较强,抗病虫能力强,耐干旱,耐瘠薄,品质优良,丰产性能好,可大量发展。适栽地区同峄城软籽。

11. 玛瑙籽 安徽省怀远产区优良品种。

树势中庸,树姿开张,枝粗壮,茎刺少。果实大,球形,多偏斜。平均单果重250克,最大的达500克。果皮薄而稍软,橙黄色,阳面鲜红。籽粒大,浅红色,百粒重60克,核软可食。汁液多味甜,可溶性固形物含量16%,可食率64%。因籽粒中心有一红点,发出放射状针芒,故称"玛瑙籽"。在当地,9月底成熟,耐贮运。

适应性强,多在淮河平原靠荆山、涂山的山麓土壤深厚肥沃的浅丘台地种植,适应于怀远、濉溪、宿州等淮北地区种植。成年树一般平均株产果40~60千克。

12. 玉石籽　安徽省怀远产区良种。

树势较弱，树姿开张。果实较大，圆球形，平均单果重250克，最大果重550克。果皮光滑，为白色，阳面鲜红色，皮较薄。籽粒大，青白微红色，百粒重60克，核软可食。汁多味甜，可溶性固形物含量16.5%，可食率59%。在当地果实于9月上中旬成熟，但易裂果，不耐贮运。适栽地区同玛瑙籽。

13. 青皮软籽　原产于四川省会理县。

树冠半开张，树势强健，刺和萌蘖少。嫩梢叶面红色，幼枝青色。叶片大，浓绿色，叶阔披针形，长5.7~6.8厘米，宽2.3~3.2厘米。花大，朱红色，花瓣多为6片，萼筒闭合。果实大，近圆球形，果重610~750克，最大的达1 050克，皮厚约5毫米，青黄色，阳面红色，或具淡红色晕带。心室7~9个，单果籽粒300~600粒，百粒重52~55克，品质优。当地2月中旬萌芽，3月下旬至5月上旬开花，7月末至8月上旬成熟，裂果少，耐贮藏。单株产量为50~150千克，最高达250千克。

适应性强，对气候和土壤要求不严。在海拔650~1 800米、年均气温12℃以上的热带、亚热带地区，均可广泛引种种植。

14. 软核酸　主产于四川省会理县。

为稀有品种。树势中庸，呈不整齐圆头形。刺和萌蘖较多。嫩梢红色，幼枝淡红色。花较大，花瓣鲜红色，鲜艳夺目，萼筒紫红色，花期较早、较长，一年多次开花，秋花现象突出。45年生树高5.9米，冠径4.5米×5.5米，较丰产，单株产量25~75千克，高的达100千克。

果实大小不一，平均果重200克，大的可达400克。果实短卵圆形，基部高而突出，萼片基部肥大。果皮鲜红色，阳面浓红，果面光滑，有光泽，十分艳丽美观。果皮较厚，约7毫米，组织疏松。百粒重20克，浓红色，马齿状，透明。种子小，核极软，可食，汁极多，酸而回味微甜，别有风味。可食部分占60%以上，含可溶性固形物16%。成熟期早，但成熟期极不一致，采果期长。不易裂果，较耐贮运。适栽地区同青皮软籽。

15. 会理红皮石榴　原产于四川省会理县。

树冠半开张，嫩枝淡红色，叶片稍厚，花朱红色。果实近球形，果面略有棱，平均果重530克，纵径9.5厘米，横径11.1厘米，最大610克。果皮底色绿黄覆朱色红霞，阳面具胭脂红霞，萼筒周围色更深，果肩有油浸状锈斑。皮厚约0.5厘米，组织较疏松，心室7～9个，单果籽粒517粒，籽粒鲜红色，马齿状，核小较软，百粒重54克，可食率44.1%。风味甜浓，有香味，含可溶性固形物15%。当地7月末至8月上旬成熟。

16. 火炮　原产于云南省会泽县盐水河流域。

树势较强，树姿抱合，结果后开张。叶大浓绿，果实近球形，萼筒粗短闭合，果面光滑，底色黄白阳面全红。果皮较厚，果实较大，平均单果重356克，最大单果重达1 000克。籽粒肥大，平均百粒重67克。粒色深红，核软可食，近核处针芒多。可溶性固形物含量为15%～16.5%，果汁多，味纯甜。在当地，于2月上旬萌芽，3月中旬至4月下旬开花，8月下旬果实成熟。

对土壤要求不严，适生范围广，抗病，抗旱，耐瘠薄。在海拔1 200～2 000米，绝对最低气温高于−16℃，≥10℃的年积温超过3 000℃的地区均可种植。

17. 糯石榴　原产于云南省巧家县。

树势中庸，树姿开张，叶片大。果实圆球形，中等大小，平均单果重 360 克，最大果重达 900 克。果面光亮，底色黄绿，略带锈斑，阳面鲜红。花与萼为红色，萼片闭合，外形美观。果皮中厚，籽粒肥大，百粒重平均为 77 克，粉红色。因核软而得名，近核处"针芒"多，汁多味浓，有甜香味。可溶性固形物含量 13%～15%，品质优。在当地 2 月初萌芽，3～4 月开花。8 月上旬果实成熟。适栽地区同火炮石榴。

18. 汤碗石榴　原产于云南省开远市。

树高 4～8 米，树干粗糙，皮灰褐色。嫩枝四棱形，红绿色，停止生长的秋梢先端多形成刺枝。叶长椭圆形或倒卵圆形。1～5 朵花生于枝顶或叶腋，花红色。果实球形，单果重 500～700 克，最大果重 1200 克。果皮薄，紫红色，萼筒钟形。籽粒大，核小，单果约 600 粒，百粒重 36.3 克，外种皮肉质多汁，鲜红色，味甘甜，可溶性固形物含量 13.5%。结果早、丰产，5 年生株产 16～20 千克。当地 9 月成熟。

19. 水晶汁石榴　原产于云南省个旧地区。

树势较强，树形半直立。成枝力强，枝条深灰绿色，粗壮无棱突。叶片大。果实圆球形，平均果重 230 克，纵径 7.1 厘米，横径 7.8 厘米，萼筒钟状，高 1.5～2 厘米，萼片反卷开张，果皮厚，黄绿底色，果面光滑洁亮，具有大片红色彩霞；心室 7～9 个，隔膜薄，籽粒中大，紫红色，可食率 62.3%。风味甜，有轻微香味，含可溶性固形物 14.8%。当地 8 月成熟，裂果轻。

20. 净皮软籽甜　原产于陕西省西安市临潼区。

树势强健，耐瘠薄，抗寒，耐旱，树冠较大，枝条粗壮，茎刺少。叶大，长披针或长卵圆形。初萌新叶为绿褐色，后渐转为浓绿色。萼筒和花瓣为红色。果实大型，圆球形，平均单果重 240 克，最大果重 690 克。果实鲜艳美观，果皮薄，表面光洁，底色黄白。果面具粉红或红色彩霞，萼片 4～8 裂，多为 7 裂，直立、开张或抱合，少数反卷。籽粒为多角形。核软，籽粒粉红色，浆汁多，风味甜香，近核处有放射状针芒。可溶性固形物含量 14%～16%，品质上等。在临潼产地 3 月下旬萌芽，5 月中旬开花，9 月上中旬果实成熟。采前及采收期遇连阴雨时易裂果。

喜温暖气候，在冬季气温等于或高于-17℃，≥10℃的年积温超过 3000℃ 的地区，均可种植。对土壤要求不严，但建园以土层深厚、排水良好的沙壤土或壤土为宜。

21. 大红甜石榴 原产于陕西省西安市临潼区。

树冠大，半圆形，枝条粗壮，多年生枝条灰褐色，茎刺少；叶大，长椭圆形或阔卵圆形，色浓绿。果实球形，重 300～400 克，最大 620 克，萼片朱红色，6～7 裂，果皮较厚，果面光洁，皮色浓红。心室 4～12 个，多数 6～8 个，单果籽粒 563 粒，籽粒鲜红或浓红色，百粒重 27.3 克，可溶性固形物含量 15%～17%，风味浓甜而香。当地 3 月下旬萌芽，花期 5 月上旬至 7 月上旬，9 月上中旬成熟。采前或采期遇连阴雨易裂果。适栽地区同净皮软籽甜。

22. 陕西大籽石榴 陕西省新育成品种。

树势较旺，3 年生树树高 2.5 米，冠幅 2.0 米。成枝力强，易形成花芽，自花授粉结实率高。花红色，花瓣 5～8 瓣，总花量大，完全花率 35% 左右，完全花坐果率在 75% 以上。果实扁球形，果皮鲜红，果面光洁有光泽，高抗裂

果，外形美观，萼片5～8裂。果皮中厚，平均0.3～0.4厘米。单果重可达1 200克，百粒重可达96克。籽粒红玛瑙色，呈宝石状，仁小、汁多，酸甜适口，品质优良。可溶性固形物含量16.08%，总糖含量10.90%，维生素C含量131.00毫克/千克，总酸含量1.46%；出籽率85.00%，籽粒出汁率89.00%。

丰产性好，苗木栽植第三年每公顷产量达9吨，第四、五年进入盛果期每公顷产量达45吨。适栽地区同净皮软籽甜。

23. 御石榴　原产于陕西省乾县、礼泉县。

树势强健，树冠圆形，主干和主枝有瘤状突起，枝条直立，1年生枝浅褐色，多年生枝灰褐色。叶片较小，长椭圆形，色浓绿。果实圆球形，平均果重750克，最大1 500克，萼筒粗大，萼片5～8裂，多数6～7裂，闭合。果面光洁，阳面浓红色，皮厚，粒大多汁，红色，含糖量14.15%，含酸量0.81%，风味甜酸，因唐太宗和长孙皇后喜食而得名御石榴。当地4月中旬萌芽，花期5月上旬至6月下旬，10月上中旬成熟。可分为红、白两种类型。适栽地区同净皮软籽甜。

24. 江石榴　原产于山西省临猗县临晋乡。

树体高大，树形自然圆头形，树势强健，枝条直立，易生徒长枝。叶片大，倒卵形，色浓绿。果实扁圆形，平均单果重250克。最大500～750克。果皮鲜红艳丽，果面净洁光亮，果皮厚5～6毫米，可食率60%。籽粒大，软核。籽粒深红色，水晶透亮，内有放射状针芒。味甜微酸，汁液多，含可溶性固形物17%。果实9月下旬成熟，极耐贮运，可贮至翌年2～3月。早果性能较好。其缺点是果熟期遇雨易裂果。

冬季极端最低气温低于−15℃地上部分出现冻害，极端最低气温低于－17℃，持续时间超过10天，地上出现毁灭性冻害，年生长期内需要有效积温超过3 000℃。该品种抗旱、抗寒、抗风，适宜在晋、陕、豫沿黄地区发展种植。

25. 特大果石榴　该品种为南京市引种。

树高2～7米。叶长2～8厘米，宽1～2厘米。针芒长5～10厘米，少数可达14厘米。花红色，花瓣5～7片。果皮红色，平均果重500克，最大750～1 000克。有特大果型和大果型两种，后者果重450～500克。

26. 叶城大子石榴　原产于新疆维吾尔自治区的叶城、塔什、疏附一带。

树势强健，抗寒性极强，丰产，枝条直立，花鲜红色。果实较大，最大果重1 000克，果皮薄，黄绿色。籽粒大，汁多，品质极上。当地9月中下旬成熟。

27. 南澳石榴　原产于广东省南澳县。

树势强健，叶片长椭圆形。果实扁圆形，平均果重350克左右，最大果重1 000克。果皮青黄色，阳面具红晕，光洁。籽粒白色，含糖量11.8％，含酸量0.35％，维生素C含量66毫克/千克，风味酸甜。当地8月下旬9月初成熟。

28. 胭脂红　广西壮族自治区梧州市优良品种。

树势强健，植株高大。果实大，果顶为罐底形。果皮厚，上部带粉红色。籽粒淡白色，味甜，并有特殊香气，品质优良，高产。抗病虫，最高株产量可达75千克以上。

29. 糖石榴　湖南省芷江县优良品种。

又名甜石榴、冰糖石榴，因其籽实甜如冰糖而得名。树势较开张，一般树高3～5米，树冠圆头形或伞形。主干灰褐色，树皮浅纵裂，部分剥落，树干有瘤状突起。主枝青灰色，圆形，有小而突起的黄白色皮孔。嫩枝四方形，有棱，

阳面红色，嫩叶亦带红色。成枝力强，枝条密度大。叶披针形或倒披针形，绿色。3月萌发，4月初展叶，10月落叶。花红色或黄红色，萼片5～6裂，萼筒钟状，花瓣5～6片，覆瓦状排列。花期5月初到6月底。栽后3年结果，8～10年进入盛果期，株产30～40千克。果皮红黄色，果实方圆形，横径7.5厘米左右，纵径6.8厘米左右，平均果重250～350克，最大550克。果皮薄，心室一般9～10个，平均籽粒300～400颗，百粒重40～50克，出籽率65%左右，可食率85%左右。籽呈方形，晶亮透明，沿种核向外呈放射状的水红色针芒，种核较小且软，籽汁多，风味浓甜而香。含总糖11.36%，可滴定酸0.37%，维生素C88.7毫克/千克，可溶性固形物13.5%，粗蛋白0.53%，脂肪0.59%，糖酸比30.7∶1。9月中旬果熟。易遭虫害，有裂果现象。丰产性能较好，产量稳定。

30. 大红皮甜　河北省元氏县优良品种。

该品种树势强健，较耐寒、抗旱、抗病；果球形，单果最大600克，平均250克；果皮光洁，底色黄白，色彩浓红，萼片直立或开张；籽鲜红或浓红，味甜而香。

31. 太行红　河北省元氏县优良品种。

树势开张，1年生枝条灰褐色，茎刺较少。叶片长椭圆形，鲜绿色，叶片大而肥厚。花量少，花冠红色，雌花占70%以上。果实近圆球形，果个大，果形扁圆，平均单果重625克，最大单果重1 000克。果皮底色淡黄色，阳面鲜红色，果面光洁，美观，萼片闭合，籽粒水红色，百粒重39.5克，风味甜，品质优，出汁率81.9%，可溶性固形物含量15.9%。适期采收，室温下可贮藏3个月，地窖可贮藏5个月以上。

二、观赏石榴品种简介

1. 红花重瓣　花冠红色 15～13 片，花药变花冠形 32～43 片，平均果重 97 克，最大果重 142 克，纵径 6.7 厘米，横径 6 厘米；子房 8～13 室，单果籽粒 355 粒，籽粒红色，百粒重 17.6 克，出汁率 87.5%，可食率 67.3%，含糖量 9.75%，含酸量 0.315%，味酸甜。9 月中旬成熟。为食用和观赏兼用品种。

2. 白花重瓣　花冠白色，花瓣 27 片，花片背面中肋有黄带，花药变花冠形 57～100 片。平均果重 180 克，最大果重 250 克，纵径 10 厘米，横径 7.9 厘米；子房 11 室，单果籽粒 413～538 粒，籽粒白色，百粒重 31.6 克，出汁率 87.14%，可食率 55.3%，含糖量 12.41%，含酸量 0.286 4%，味甜。为食用和观赏兼用品种。

3. 花边　花瓣 6 片，每片中央红色边缘白色；萼筒细较高，萼 6 片微反卷；果小圆球形，皮淡黄色有褐色点状果锈；纵径 7 厘米，横径 5.6 厘米，平均果重 74 克，最大果重 104 克，子房 7 室左右，籽粒无色中间有红点，单果 257～430 粒，百粒重 14.6 克，出汁率 86.99%，可食率 50%，味酸甜。为食用和观赏兼用品种。

4. 重台　小灌木。幼嫩枝条浅褐色，多年生枝条深褐色，无刺枝和针刺；叶片线形，长 2.0 厘米左右，宽 0.7 厘米左右；幼叶深红色，成叶深绿色，嫩枝叶片多两两对生，旺长枝有两组各 3 片叶对生现象，每组的 3 片叶包围一个芽，3 片叶中间大两侧叶小；花期 5～10 月，花冠红色，花径 5～6 厘米，花瓣 80～170 片，花药变花冠形 20～70 片，

8～10 轮排列，萼片 5～7 片反卷、易碎裂、多 6 片，花药粉红色、成熟花药金黄色；每朵花的开放、败育过程是：外层先开放、先凋萎，相继内层又盛开。单花开放时间春季 10～12 天，夏季 5～8 天。不结果。

5. 月季石榴　小灌木。1 年生枝条紫绿色，叶线形，长 2.5～4.0 厘米，宽 0.5～0.9 厘米；幼叶紫红色，成叶深绿色，每 3 叶一组，包围一个芽，两组叶对生，枝条基部三片叶包围着的芽多形成长 0.5～3 厘米长不等的枝刺，长的枝刺着生 2～6 片叶。花期 5 月至落叶期，陆续开花、结果，直至 11 月上中旬；花冠红色，花瓣 5～6 片，萼筒柱状，高 0.8～0.9 厘米，萼片 5～7 片开张喇叭状；果实圆球形，果面光洁，有 4～5 个棱面，果皮粉红色，尾部略尖，纵径 2.3～2.9 厘米，横径 2.8～2.9 厘米，平均果重 11～14 克，子房 9～12 室，单果 340 粒左右，籽粒红色，百粒重 1.7～8.5 克，皮厚 0.2 厘米，风味酸甜，可溶性固形物含量 10% 左右。籽粒不具鲜食价值。9 月下旬后陆续成熟。

6. 重瓣紫果　小灌木。1 年生枝条浅紫色，多年生枝条紫褐色；叶长椭圆形，长 4.0 厘米左右，宽 1.3 厘米左右；幼叶紫红色，成叶深绿色，每 3 叶包围一个芽，两组叶对生，枝条基部三片叶包围着的芽多形成 0.5～3 厘米长不等的枝刺，长的枝刺着生 2～6 片叶，也有的芽发育为果树结果。花期 5～7 月，花冠红色，花瓣 95 片以上，萼筒柱状，高 0.5～0.8 厘米，萼片 5～7 片反卷；果实小球形，果面光洁，果皮黑紫色，尾部略尖，纵径 1.9 厘米左右，横径 1.8 厘米左右，平均果重 10～15 克，子房 1～4 室，单果 10～30 粒，籽粒黑紫色，百粒重 8～10 克，皮厚 0.1 厘米左右，风味酸，可溶性固形物 13%～14%。因籽粒不具鲜食价值，故可将果实长留在树上不采摘以便观赏。

7. 紫果 小灌木。1年生枝条紫色，老枝紫黑色；叶窄小，长椭圆形，幼叶紫红色，成叶深绿色，成龄叶长3.5厘米左右、宽1.2厘米左右；枝刺较少，冬季顶端易受冻；花瓣红色，6片，花期5～7月；果小球形，果皮紫黑色，萼筒高约0.7厘米，萼片6片反卷，果实纵径1.8厘米左右、横径1.6厘米左右，平均果重8～12克，子房2～4室，单果10～20粒，籽粒黑紫色，百粒重4～6克，皮厚0.1厘米左右，风味酸，可溶性固形物10%～11%。因籽粒不具鲜食价值，故可将果实长留在树上不采摘以便观赏。

参考文献

冯玉增.2000.石榴优良品种与高效栽培技术.郑州：河南科学技术出版社.

冯玉增.2008.石榴病虫草害鉴别与无公害防治.北京：科学技术文献出版社.

王家福，等.2005.石榴盆景制作技艺.北京：中国林业出版社.

张君.1996.石榴.西安：陕西科学技术出版社.

图书在版编目（CIP）数据

石榴欣赏栽培166问/冯玉增主编 . —北京：中国
农业出版社，2013.8
ISBN 978-7-109-17974-5

Ⅰ . ①石… Ⅱ . ①冯… Ⅲ . ①石榴－果树园艺－问题
解答 Ⅳ . ①S665.4-44

中国版本图书馆 CIP 数据核字（2013）第 125714 号

中国农业出版社出版
（北京市朝阳区农展馆北路2号）
（邮政编码 100125）
责任编辑 石飞华

中国农业出版社印刷厂印刷 新华书店北京发行所发行
2013 年 8 月第 1 版 2013 年 8 月北京第 1 次印刷

开本：850mm×1168mm 1/32 印张：6.5 插页：4
字数：160 千字
定价：22.00 元
（凡本版图书出现印刷、装订错误，请向出版社发行部调换）